JN226382

犬の声が聞こえる

犬と人の心をつなぐメッセンジャー

アネラ 著

はじめに

日本のみなさま、こんにちは！　ハワイ在住のアネラです。

私はハワイを拠点に、アメリカ本土や日本で動物たちの通訳をしています。最近はそれだけでなく、通訳をするなかでさまざまなお仕事もさせていただくようになり、「アニマルコミュニケーション」のこれからの可能性を非常に感じているところです。


でも「動物の通訳」って、どんなことをするの？

そんな質問がよく寄せられるので、まずはアニマルコミュニケーションについてお話ししたいと思います。

アニマルコミュニケーションとは、ひと言で言うと「動物と会話をすること」。

そして動物たちの言葉を通訳する人を「アニマルコミュニケーター」と呼びます。

アニマルコミュニケーターにもいろいろな人がいます。人によってやり方は違うでしょうし、価値観もさまざまでしょう。私の場合は、英語を日本語に通訳するような感じで、まさに動物の気持ちを〝直訳〟する感覚です。

だいぶ前になりますが、ハワイアンヒュメインソサエティー（ハワイの動物保護施設）にボランティアとしてお手伝いに行ったときのこと。私がそこの動物たちと自然に会話をしている様子に気づいたのか、スタッフから「あなた、アニマルコミュニケーションしてるんじゃないの？」と指摘されたのです。ちなみにそれまでの私はと言えば、「アニマルコミュニケーション」という言葉や「アニマルコミュニケーター」という人の存在すら知らないほどでした。

「動物と会話すること」はけっして特別な能力ではなく、誰にでも備わっている人間本来の能力ではないかと思っています。しかしやはり十人十色という感じなのか、走るのが速い人、遅い人、苦手な人がいるように、向き・不向きは多少あるかもしれません。でも、ご自分のペットであれば「心の声」を感じることは誰にでもできるのではないでしょうか……？　愛犬たちの心の声に、みなさまもそっと寄り添ってあげてくださいね。

動物たちは、一体どのように会話をしているのでしょう。私なりに考えてみましたが、お互いのエネルギーの動きを察知して、相手の感情（エネルギー）を読み取りながら話をしているような気がしています。それは人に対しても同様で、エネルギーの動きで飼い主さんの感情を読み取っているのではないでしょうか。

あなたがイライラしているとき、あなたの愛犬はどんな状態ですか？

そんなときに限っていたずらしたり、落ち着きがなかったりしませんか？

それはあなたが、〝愛犬から感情を読み取られている〟ということなのかもしれません。「動物たちは感情を読み取るウソ発見器のようなもの」だとお考えいただくと、わかりやすいかもしれませんね。

「動物たちは、どうやって意思を伝えてくるのですか？」とよく聞かれます。私の場合はイメージだったり映像だったり、時には文字や言葉、写真、絵などさまざまです。さらにカラーだったりモノクロだったりと、あらゆる形や方法で伝えてきます。五感のすべてを使って伝えてくるので、ただただ感覚をつかむような感じです。

言語も問題ではなく、日本語や英語を使う国以外（フランス、イタリア、韓国、台湾など）からやってきた動物たちでもコミュニケーションは可能です。アニマルコミュニケーションは、心と心の会話だからかもしれません。

おかげさまで、ハワイにある私のサロンには日本やアメリカ本土はもちろんのこと、ヨーロッパやアジア諸国から飼い主さんたちがいらっしゃいます。


犬の心の声や気持ちを聞くということには、どのような意味があるのでしょうか？　人間には言葉という意思伝達のツールがありますが、動物たちにはそれがありません。ゆえに人が思うことと動物が思うこと、気持ち、感覚にはずれが生じ、飼い主さんが良かれと思ってやっていることが、じつは犬たちにとって満足できないことだった、というすれ違いにつながります。

それが続くと、言葉で意思を伝えることができないがために動物たちが問題行動を起こしたり、精神的に病気（ストレス）を引き起こすケースもあるかもしれません。人間の間違った対応に動物たちが耐えている可能性だってあるのです。

飼い主さんには、「問題行動には必ず理由があります」とお伝えしています。

その理由に少しでも気づくことで、問題行動の解決の糸口が見つかったり、その子に合うしつけや対処法がわかることもあります。そしてお互いの心がつながることで、さらに絆が深く強くなることでしょう。

この本では、そんな実例をたくさんご紹介しています。飼い主さんのお話はもちろん、ドッグトレーナーさんやトリマーさん、獣医さんなど動物にかかわるお仕事をされている方のお話も収録しています。

愛犬ともっと居心地よく快適に暮らすために……。ぜひ、アニマルコミュニケーションを活用していただければと思います。

contents

contents

contents

今までに聞いた犬たちの“声”

問題行動の本当の理由

これは、私がふだん生活しているハワイでのお話です。数年ほど前、現地の飼い主さんから相談を受けました。そのお宅ではアメリカン・ピット・ブル・テリアを2頭飼っているそうです。1頭がもう1頭を噛んで、噛まれたほうはかなり深い傷を負ってしまいました。

獣医さんには「噛むクセがついてしまうと、また噛んでしまう可能性が高い。このままだと危険です」と言われ、安楽死をすすめられたのだそうです。そんなときに私のことを知って、会いに来てくださいました。

噛んだ理由、噛まれた理由

私はさっそく噛んだほうの犬とコミュニケーションを取ってみました。凶暴な犬ではないことがすぐにわかったので、飼い主さんに「日ごろはおとなしいのでは?」と聞いてみました。

すると飼い主さんは「その通りです。いつもはすごく穏やかなんですが、食事のときだけ凶暴になるんです。ふだんは噛まれた犬のほうが気性が激しいくらいで、散歩の途中でほかの犬を見ると手がつけられないくらい興奮してしまって」とおっしゃいます。

基本的に2頭は仲良しなのですが、食事になると小競り合いが始まるので、別々の部屋で与えていました。しかし、その〝事件〟が起こった日に関してはどうだったか不明なのだそうです。

ここで、2つの疑問が生じました。ひとつは「いつもおとなしい犬がなぜ凶暴になったのか」、そしてもうひとつは「気性の激しい犬（噛まれたほう）がなぜ抵抗しなかったのか」ということです。耳を噛みちぎられるほどだったのに、ほとんど無抵抗だったそうです。

噛んだ犬の言い分はこうでした。「この家に来る前、ぼくにはたくさんのきょうだいがいたんだ。だからごはんを食べるのはいつも競争。ぼくは体が小さかったから、大変だったんだ」。そう言いながら、そのときの映像を見せてくれました。この犬にとって〝ごはんを横取りされる〟のは、こちらが考える以上に耐えがたいことのようです。それを飼い主さんにお伝えすると、こうおっしゃいました。

「引き取るときには、確かにきょうだいがたくさんいました。この子がいちばん小さくて、弱々しくて……。あまりにかわいそうなので、引き取るのを決めたくらいなんです」

噛まれた犬がこのお宅にやって来たのは、その数年後のことでした。

動物たちの心の声

噛んだ犬は「あの（事件の）日、あいつはぼくのごはんを横取りしに来たんだ」と主張しました。そして噛まれた犬は「自分が悪いことをして噛まれたから、何も抵抗できなかったんだ」と言いました。噛まれた犬は、飼い主さんの見えないところで、噛んだ犬にときどき意地悪をしていた事実も告白したのです。噛んだ犬は「あいつはとにかく要領が良くて世渡り上手。叱られるのはいつもぼくなんだよ」とも訴えています。

2頭の話を飼い主さんにお伝えすると、「よくわかりました、本当にありがとう」とおっしゃって、そのときのセッションは終了しました。

それから1年が過ぎたある日、飼い主さんから「あれ以来犬たちの気持ちを考えて、食事のときの扱い方を変えました。今では以前にも増して、犬同士が仲良く暮らしています。噛むこともなく、噛まれた犬もほかの犬を見て興奮することがなくなったんですよ」とすばらしいご報告をいただきました。

問題行動にはきっと理由があるはず。動物たちの心の声に、ぜひ耳を傾けてあげてください。アニマルコミュニケーションが解決に役立ったことに、私も心から感謝したいと思います。

人間の気持ち・動物の望み

これまでたくさんの動物たちと会話してきましたが、人の思うことと彼ら動物の考えていることには感覚の違いがあることに気づきました。人が良かれと思ってやっていることが、動物たちにとっては満足がいかないというケースが多くあります。動物たちは言葉で意思を伝えられませんから、人間の間違った対応にひたすら耐えていることもあるようです。

私はアニマルコミュニケーターとして〝動物の気持ちを人に伝える通訳〟の仕事しかできません。ですから飼い主さんには、私から動物の気持ちを聞いた後は、信頼できるドックトレーナーさんや獣医さん、トリマーさんなどそれぞれ専門の方々にアドバイスを求めることをおすすめしています。そこから先は、飼い主さんご自身の判断にお任せしています。それが私のできることだと思っているからです。

津波のなかを生き抜いた犬

ここでは、２０１１年に起こった東日本大震災で被災し、救助された犬とのアニマルコミュニケーションについてお話ししたいと思います。

東京を訪れていた私の元にこの犬を連れて来たのは、東北の実家を離れて横浜で暮らす娘さんでした。犬の飼い主であったご両親は、津波によって命を落としてしまったとのこと。犬だけが救助され、嫁ぎ先からご両親を探しに来ていた娘さんと避難場所で再会。今は一緒に暮らしているそうです。

娘さんは、なぜこの犬だけが助かったのかずっと疑問に思っていました。そこで私はその犬に直接尋ねてみることに。すると「あなただけでも助かって！　娘のところへ行ってあげて！」とお母さんが犬を屋根に向かって投げた、と教えてくれたのです。事実その犬は、屋根につかまって海に浮かんでいたところを自衛隊に救助されたということでした。

避難所がたくさんあるなかで、救助されたばかりの犬とすぐに再会できたことはほとんど奇跡に近い出来事で、お母さんの思い、そして犬がお母さんとの約束を守ろうとした思いが重なった結果なのではないでしょうか。

飼い主さん手作りのごはん

娘さんにとっては、この犬がご両親の唯一の形見です。一日でも長生きしてほしいと願うのは当然のこと。「健康には十分に気をつけて、オーガニックのドックフードをメインに与えています」ということでした。ところが犬は「みそ汁が懐かしいなあ」と言うではありませんか。

そのことを娘さんにお伝えすると、お母さんがみそ汁の豆腐を犬にあげていたことを思い出したようです。犬はさらに、「ぼくは野菜が好きなんだ。とくに人参とか大根、煮た野菜が好きだよ」と続けます。娘さんによれば、お母さんは日ごろドックフードではなく、野菜を水で煮たものをあげていたそうです。

娘さんは少し考えてから、「この犬は飼い主である私の両親を津波で失い、住み慣れた家も流され、田舎から都会に引き取られて周りの環境が100％変わってしまいました。老犬なので、あと何年生きられるかわからないけど、これまでの環境や習慣を変えるのはストレスかもしれませんよね……。母が作っていた煮た野菜を思い出し、がんばって作るようにします」と語ってくれました。

健康のためとは言え、食生活を変えてストレスを与えるよりは、好きなものを食べさせてあげるほうが老犬にとって幸せなのかもしれない……と、考えが変わったようでした。

このように、人が良かれと思うことと、動物が望んでいることには多少違いがあるもの。動物の気持ちにそっと寄り添い、飼い主さんができる範囲で取り入れてあげることで、お互い心地良く暮らせるようになるのではないでしょうか。

私は、そんな飼い主さんと動物の心をつなげるお手伝いができることに喜びを感じています。

vol.03

亡くなった愛犬の思い

最近は、亡くなったペットとのアニマルコミュニケーションを希望する人が増えてきました。その人たちに共通するのは、「後悔の気持ちを持ち続けている」ということです。

ペットが生きていたときに「もっと早く気づいてあげれば……」、「あれもこれもしてあげれば良かった」などと、考えれば考えるほどますます悔やむ気持ちが大きくなっているようです。けれどペットたちは、飼い主さんが悲しむ姿を見るのがいちばんつらいと伝えてくるのです。

私が今まで経験したなかで感じたことですが、亡くなったペットがほかの動物に生まれ変わり、飼い主さんのそばに来るわけではないようです。愛する飼い主さんの近くに、その犬はその姿のままで寄り添っているのだと思われます。

飼い主さんとの楽しい思い出

ある日ペットロスで悩む飼い主さんとお話をしていると、すぐにピンクの映像が見えました。「亡くなった犬は男の子なのに……?」と思いながら、ピンクのお花に囲まれているような映像の様子をそのまま飼い主さんにお伝えしました。

最初はお花畑かと思いましたが、どうやら敷物のようなものかも……と付け加えると、飼い主さんは「タロくんのお気に入りだったピンクの花柄の毛布ではないでしょうか？　お棺の中に入れてあげたものなんです」と教えてくれました。続いて今度は黄色のボールが見えたのでそれも伝えると、「ボールも大好きだったので、お棺の中に入れました」とのことでした。

タロくんは、「お気に入りのピンクの毛布とボールをお棺に入れてくれたことをとても感謝していると伝えてほしい」と言っていました。飼い主さんもそれを聞いてとても喜んでいました。

さらにタロくんはこう続けます。「ぼくは足が速くてジャンプが上手で、誰にも負けないんだ！　高いところにさっと上ると、『すごーい！』って言われたんだ。だってぼく、チャンピオンだから！」。すると飼い主さんは「その通りです。高いところに上るのが上手だったので、よく『すごいね、チャンピオンだね』ってほめてました」と教えてくれました。

飼い主さんとタロくんだけが知っている、楽しかった思い出話がたくさん出てきたので、それらが本当に愛犬の言葉だと納得してくれたようです。

けっして自分を責めないで

次に、食べもののような飲みもののような、白っぽいペースト状のものが見えたのですが、それは飼い主さん手作りの玄米クリームだとわかりました。

亡くなる直前はタロくんの食欲がほとんどなかったので、飼い主さんが栄養豊富な玄米クリームを時間をかけて作っていたそう。唯一食べてくれるので、一生懸命作ってあげたそうです。すると「今でもちゃんと覚えてるよ！　ママの手作りはとってもおいしかった。本当にありがとう」とタロくん。

愛犬たちは、虹の橋を渡っても楽しい思い出をしっかりと記憶のなかに埋め込み、いつも飼い主さんを空から見守っているのです。もし愛犬の生前に反省・後悔すべき点があったとしても、次へのステップとして受け入れて自分を責めないでください。飼い主さんの悲しむ姿を見るのがつらくて悲しい、と彼らは言っているのですから……。

動物の不思議な能力

たくさんの動物たちとの会話を通じて私が感じるのは、彼らが人の心を癒やす能力と活性化する能力を持っている、ということです。ここでは、そんな不思議な力についてお話ししたいと思います。

医療施設で活躍する犬たち

私の住むハワイでは、たくさんのセラピードッグが（人間の）病院や介護施設で働いています。セラピードッグの仕事は、長い闘病生活やつらい治療を続ける患者さんたちの心を癒やすこと。さらには、病院内で働く医師や看護師、そのほかスタッフの心も和ませてくれるとあって、どこでも人気者です。

私がボランティア活動を行っているカピオラニ・メディカルセンター（オバマ元米大統領が生まれた病院です）では、ＮＩＣＵ（新生児集中治療室）にも犬たちが訪ねて来るほどなのです。新生児はセラピードックにふれることはできませんが、そこに訪れる赤ちゃんのご家族や、医師、看護師の心をケアしてくれています。彼らはＰＩＣＵ（小児科集中治療室）でも活躍中。これはハワイでは一般的なことです。

犬には人の心を読み取るセンサーのようなものがあり、人のエネルギーの動きを察知しているのだと思います。その証拠に、私がアニマルコミュニケーションを行う際、犬自身から「最近、家族の○○が元気がなくて心配なんだ」と聞くことがしょっちゅうあります。飼い主さんから詳しい事情を聞く前に、犬から聞いた言葉をそのままお伝えすると、びっくりする人がほとんどです。

あなたの心が疲れていたり、少し元気がないときに、犬はそっと寄り添ってあなたを心配してくれていることでしょう。実際にそんな経験をした人も多いのではないでしょうか。

新しい家族と秘密基地

長くお付き合いをさせていただいている、あるご家族のお話です。長年ともに過ごした犬が、老いのため虹の橋を渡りました。その悲しみはたいへん深く、お母さんはそれがきっかけでペットロスになり、体調を崩してしまったということでした。

　時間が解決するのを期待してもお母さんの体調は回復せず、悪化の一途をたどるばかり。医師とご家族で相談したところ、「新しい家族として子犬を迎え入れたほうが良いのではないか」ということになったそうです。しばらくしてから、子犬を迎えることを決めたという報告をいただきました。

　子犬の世話について、ご家族は「大丈夫だろうか」と少し心配していました。そこで私は、プロのドッグトレーナーから子犬のしつけやトレーニングの指導をきちんと受けることを提案。できればお母さんも一緒にしつけ教室に参加してはどうか、とすすめてみました。

　しばらくすると、喜びの報告メールが届きました。子犬のしつけ教室に参加することでお母さんの体調は徐々に回復、今ではすっかりはりきって自ら行くようになったのだとか。それを聞いて、お母さんにとっては子犬がまさにセラピードックの役割を果たしたのだな、と感じました。

その後、虹の橋を渡った先代の犬とアニマルコミュニケーションを行う機会がありました。そこで、先代の犬は「新しい子犬とお話しする秘密基地があるんだよ」と教えてくれました。

その秘密基地の映像を見せてくれたので飼い主さんご家族にお伝えすると、「よくその場所に子犬が隠れることがあります！」とのこと。今では子犬がそこに隠れてから出てくると、「秘密のお話でもしてきたの？」と声をかけ、ほほ笑ましく見守っているそうです。

動物たちには本当に不思議な能力があるものだと、心から実感させられる出来事となりました。

脚光を浴びるのが大好き！

犬にウエアを着せたり、アジリティーや訓練の競技会、ドッグショーなどに参加させることを「かわいそう」と思う人もいるようです。しかし人と同じように、犬の性格や性質もそれぞれ。なかには、人前で目立つことや技を披露することを楽しんで参加しているような犬もたくさんいました。

脱走の理由

注目を浴びるのが大好きな豆太郎くん（ミニチュア・ダックスフンド）のお話です。飼い主さんご夫妻が最初に豆太郎くんに聞きたかったのは、「なぜ留守番のときに限って家出をするの？」ということでした。豆太郎くんは日ごろお家の中で生活しているのですが、家族が外出するときだけ庭に出してもらえるそうです。庭には高い柵があり、簡単には外に出られないはずなのに、それをかいくぐって脱走してしまうそう。家族が帰宅するころには、何事もなかったかのように庭に戻っているのですが、近所の人に「豆ちゃん、またお外をウロウロしてたわよ」と言われて〝脱走〟が発覚するとのことでした。

さっそく理由を尋ねてみると、「僕の才能をもっとみんなに見せたいんだよ！」とのこと。そして前足を使ってドアを開けたり、高い柵を乗り越えていることを教えてくれたのです。すると飼い主さんは「その通りです……。前足でドアを開けたり、すごく高い柵でも乗り越えてしまうんです！」と話してくれました。

自分の才能を見て！

次に豆太郎くんが見せてくれた光景は、公園でした。そして「ぼくは公園が大好きで、行くといつもみんなから注目を浴びてたんだ。でも最近、それがないのがちょっとストレスなんだよ」と言います。さらに何か競技をしているような場面も見せてくれました。

そのことを飼い主さんにお伝えすると、「この子は体力があって、障害物を乗り越えたりトンネルをくぐったりするアジリティーが得意なんです。公園に行くたび、ほかの飼い主さんから注目されてほめられていました」とのこと。ただ最近、公園でほかの飼い主さんからたくさんおやつをもらって太ってしまったそうで、豆太郎くんの健康のことを考えた飼い主さんは、公園に連れて行く時間帯を変えていたということでした。

公園では、飼い主さんがそれぞれにおやつを持ってきます。機転の利く豆太郎くんは、まずいちばん前に並んで食べてから、最後尾に並び直しては、みんなの倍のおやつをもらっていたそう。それが太る原因になったのですね。「豆太郎にはあげないでください」と言うのもかわいそうで、飼い主さんは悩んだ挙げ句、誰もいない時間帯に公園に連れて行くことにしたのです。

ところが、豆太郎くんは自分の才能を人に見せたいタイプ。「ひとりぼっちの公園はさびしくてつまらないんだ。だからとぼとぼ歩いてるんだよ」と訴えます。そのことをお伝えすると、飼い主さんは納得しながら「公園からの帰り道、最近はとぼとぼ歩くようになったんです」と言います。

健康管理を考える飼い主さんの気持ちと脚光を浴びるのが大好きな豆太郎くんの気持ち。とにかく豆太郎くんの言いたいことは判明しましたので、また豆太郎くんが楽しく公園に通えるよう、工夫をしていただけるといいかもしれませんね。

みんなの人気者

楽しいおしゃべり

フレンチ・ブルドッグの福助くん（通称「福ちゃん」）の飼い主さんご夫妻は、旅行でハワイを訪れた際に、私が開いているサロンにお越しくださいました。お2人は、以前に私が取材を受けた本の記事を見て足を運んでくださったそうです。

さっそくご夫妻から福ちゃんの写真を預かり、セッションを始めました。すると会話のなかで、偶然にも福ちゃんの大好きな場所が、私が尊敬しているドックトレーナーさんがいる犬の幼稚園だということがわかりました。福ちゃんはこの幼稚園が大好きで「先生はやさしくてとっても楽しいよ。それに、ほかの犬と遊んだりプールに入るのも大好きなんだ」と教えてくれました。

その後も福ちゃんのおしゃべりは続きます。何と「焼き鳥も大好物だよ」と、ときどきパパからこっそりもらっているごちそうのことまでばらしてしまいました（笑）。

さらに、ウエアを着るのも大好きなようで、「みんなからかわいいって言われるんだ！」と満足そう。「僕は男の子だから、ピンクや赤は嫌だなぁ。ブルーやグリーンのお洋服が好きなんだ」と、好みも知らせてくれました。

どこまでも愛らしいキャラクター

日本でのセッションでは、福ちゃんと直接対面することができました。じつは福ちゃんのお母さんにはひとつ気にかかることがありました。それは福ちゃんと出かけた際などに、名前を聞かれて「福助です」と答えると笑われることで、それを福ちゃんが気にしていないかどうか心配していたのです。さっそく福ちゃんに尋ねてみると、彼は自分の名前をとても気に入っていて、「名前を呼ばれるととてもうれしい」と教えてくれました。

かく言う私自身も初めて写真で福ちゃんを目にしたとき、福ちゃんのかわいらしさとチャーミングな名前で忘れられない存在になっていたのです。

その福ちゃんから、対面アニマルコミュニケーションで「パパとママに『デブって言わないで!』と伝えてほしい」と言われたので、そのまま伝えると、ご夫妻は苦笑い。最近太り気味の福ちゃんに、つい「デブになったね〜」と言っていたそうなのです。

さらに「今日は赤いお洋服を着たかったんだよ」と言うので、「以前は男の子なんだから赤は嫌だと言っていたのに、なぜ？」と思い聞いてみると、赤い服とは赤いレインコートのことだとわかりました。

この日は肌寒く雨だったのでお母さんは福ちゃんに赤のレインコートを着せたかったそう。しかしお父さんが「今日はアネラさんに会うのだから、〝生（なま）〟がいいと思って着せなかった」と言うのです。もちろん、私はウエアを着ていても着ていなくてもかまいませんが、着ていないことを「生」とは……（笑）。


こんな楽しい話を聞かせてくれる福ちゃんは、本当に周囲から愛される人気者。犬の幼稚園で福ちゃんを知らない人はいないんじゃないかと思うくらいです。ご夫妻からの愛情をたくさん受けて、みんなに幸せな気持ちを与えてくれる福助くん。これからもみんなの人気者の福ちゃんでいてね！

どのオモチャがお好き？

赤も黄色もピンクも……

コナちゃんは、ダックスフンドとビション・フリーゼの雑種の女の子です。彼女のセッションは、ハワイ旅行の際に家族の代表としてサロンに来てくださった娘さんの持つ写真を通して行いました。

まずは、娘さんが気にかけていた「お留守番が長いけど大丈夫？」という質問から始まりました。するとコナちゃんは、「昔は赤いオモチャで暇つぶしできたんだけど、最近はそれがなくなっちゃった……」とかなりさびしそう。

そのことを娘さんに伝えると、「お留守番のときはオモチャをケージの中に入れるようにしていたんですが、そういえば最近はひとつも入れてなかったかも……」と気づいた様子。しかも昔は赤いオモチャの中におやつを詰めて与えていたということでした。

続けてコナちゃんは「黄色のオモチャは、みんなと一緒に遊ぶオモチャなんだよ！」と言います。娘さんいわく、黄色いオモチャとはバナナの形のオモチャで、いつも家族と引っ張りっこをして遊んでいるのだとか。

さらに「それと、ピンクのオモチャを抱えるのが好きなんだけど、それもなくなっちゃったんだよ」とコナちゃん。けれどこのピンクのオモチャだけは、娘さんが家族に伝えてみんなで考えても、何のことかわからなかったのだそうです。しかしある日、探しものをしているときに偶然ピンクのオモチャが出てきて、家族みんなでびっくりしたと教えてくれました。このオモチャはコナちゃんのお気に入りでいつも抱えていたそうなのですが、ピコピコ音が鳴ってうるさいので、取り上げてそのまま忘れていたということでした。

家族を守りたい！

セッションの際には、娘さんから聞いていた「急に吠えるようになった」理由も聞いてみました。コナちゃんは「最近、変な物音が気になる。人の気配も気になる」とのこと。そのことをお伝えすると、つい先日近所で泥棒が入ったということでした。そして娘さんは、コナちゃんがそのころから吠えるようになったことに気づいたのです。もしかしたら、泥棒が下見に来ていたのをコナちゃんが察知して、無駄吠えではなくコナちゃんなりにお家をしっかりと守っていたのかもしれませんね。だとしたら、あっぱれです！

コナちゃんはほかにも、一度しか連れて行ったことがない芝生の公園にまた行きたいと思っていることや、最近あげていなかったおやつのことなど、家族が思い当たることを次々に聞かせてくれました。家族みんな驚きながらも、コナちゃんの気持ちが聞けてよかった、と喜びのご報告をいただきました。

ペットの気持ちを少しでも深く知ることで、お互いの心の絆がさらに深まり強くなると感じています。これからも毎日を楽しく仲良く暮らしてくださいね。

vol.08

おしゃまなクーちゃん

同時通訳!?

トイ・プードルのクーちゃんは、アニマルコミュニケーションの常連さん。ハワイでは写真を通して、日本では直接会って、何度かお話をしています。アニマルコミュニケーションのたびにおもしろいことを教えてくれるクーちゃん。日本で対面したときは、クーちゃんから同時通訳を依頼されました(笑)。

クーちゃんがそわそわしながら近くにあったバッグの中をのぞいていたので、「どうしたの?」と尋ねてみると「僕の大好きなお菓子はどこかな?」と言うのです。飼い主のママさんに「お菓子を探してるみたいですよ」と伝えると、ママさんはすぐにクーちゃんにおやつをあげました。ところがクーちゃんは「これじゃないよ!」と訴えます。そして大好きなおやつの形を映像で見せてくれたので、そのまま伝えると「あぁ~、あれはお家にあるけど今日は持ってくるの忘れちゃった」とママさん。

するとクーちゃんはご機嫌ななめに……。「お家に帰ったらあげるから」となだめるママさんに向かって「約束だよ!」と目と態度で示すクーちゃん。「はい、約束します、忘れません」というママさんの誓いのひと言で、クーちゃんはようやく静かになりました。

クーちゃんが伝えたいこと

そして今回のお悩みは、車で出かけた帰りに「なぜ家が近づくと吠えるのか？」でした。

パパさんは「『もうすぐお家よ』の合図ですかねぇ」とのことでしたが、クーちゃんは「駐車場が狭いから気をつけて、ってことだよ」と言いました。お家の駐車場が狭いので、ママさんが運転すると駐車ができないというのです。そしてクーちゃんが「箱があるんだよ」と言うのでそれを伝えると、確かに駐車場に箱を積み上げているとのこと。これにはみんなびっくりでした。

さらにクーちゃんが赤いダウンジャケットの映像を見せてきたので、「赤いダウンジャケットを持っていますか？」と尋ねると「持ってます。あれが何か？」と少し心配そうなママさん。

クーちゃんは「あのジャケットを着ると周りの注目度がいつもと違うんだ」と言いました。すると飼い主さんは、その言葉に大笑い。何とそれはブランドもののダウンジャケットで、着ているとみんなから注目されるとのことでした。これを着るのは冬だけだそうで、クーちゃんは早く着てお出かけしたいと言っていました。

次に、雪の上の映像を見せてきて、クーちゃんはちょっと嫌そうにしています。私が「雪の上を歩かせたことがありますか?」と尋ねると「はい、少し嫌がっていましたが、何とかして歩かせたら雪を避けて歩いてました」と飼い主さん。じつはクーちゃん、足の裏が冷たくて痛かったとのことでした。「そういえば、足の裏をなめてましたね」とのことで、次からは気をつけてくれるそうです。

いつも私にいろんな話をしてくれるクーちゃん。毎回笑わせてくれるので、次に会うのが楽しみです。

タイプが違う同居犬

モコちゃんの本音

アニマルコミュニケーションをさせていただくと、人間だけでなく動物たちもそれぞれに考えや好みが違うことに気づかされます。

飼い主さんが良かれと思ってすることでも、じつは動物たちにとって不満を感じることなのかもしれません。そんな動物たちの声をお伝えすることも、私の大事なお仕事だと考えています。

そんなことを踏まえて、ミルちゃんとモコちゃんのお話をさせていただきたいと思います。

ミルちゃんは5歳の先住犬で、体重2・5kgの小柄な女の子です。そこに同い年のモコちゃんが、元の飼い主さんの事情で今のお宅に迎えられました。モコちゃんは体重が4・5kgと大きめ。そしてどちらかと言えば、ちょっぴり要領が悪いタイプかな?

飼い主さんから、モコちゃんは今通っている犬の幼稚園が好きかどうか聞いてほしい、と頼まれました。さっそく尋ねてみると「幼稚園は大好きだけど、宿題が嫌いなの。すごく怒られちゃうから」とモコちゃん。そして骨の形のオモチャを見せてくれました。

それをお伝えすると「いつも幼稚園に行くと骨の形のオモチャで遊んでいます」と飼い主さん。「じつは幼稚園から宿題というか課題が出るのですが、モコはミルのように上手にできなくて……。ついモコを叱ってしまうんです」とのことでした。

飼い主さんは、モコちゃんもミルちゃんと同じようにかわいがってあげたいという思いから、2頭と幼稚園に通い、一緒にダンスやアジリティーを習っているそうです。しかしモコちゃんの話を聞くと、彼女はダンスよりもアジリティーのほうが好きなのだとか。それをお伝えすると、幼稚園の先生からも「モコちゃんはアジリティーのほうが好きみたいですよ」と言われたことを思い出した様子でした。

ミルちゃんのこだわり

一方ミルちゃんからは、「幼稚園でダンスをするとき、私もスカートを着たい！」という要望がありました。しかも、上下つながっているワンピースタイプではなく、腰からのスカートがいいと言い張るミルちゃん。そのことをお伝えすると飼い主さんは、「いつもロンパースのような上下つながっているウエアを着せてダンスさせていた」と教えてくれました。ところが最近、あるチワワが幼稚園に通うようになり、その子が腰からのスカートをはいていて、それをミルちゃんはじっと見つめていたそうです……（笑）。うらやましかったのかもしれませんね。

そして、今までミルちゃんは幼稚園でいちばんダンスが上手だったそうですが、このチワワの子もほかでダンスを習っていて、なかなかのレベルなのだとか。どうやらミルちゃんは、めらめらと対抗意識を燃やしているようでした。

モコちゃん、ミルちゃんの思うことをそれぞれお伝えし、今後の対応は飼い主さんご夫婦にお任せすることに。私としては、それぞれの言い分をお伝えできて本当によかったです。

vol.10

言葉を超えた絆

ラッキーちゃんとのご対面

はるばる日本から、飛行機でハワイにある私のサロンに来てくれたラッキーちゃんのお話です。ラッキーちゃんとは2回目のアニマルコミュニケーションですが、ハワイのサロンはペットが同伴できないので、初回は写真でのセッションのみでした。その後私が日本へ来たときに予約を取ろうとしたものの、すでにいっぱいだったそう。今回は特別にハワイのサロンが入っているビルのオーナーにお願いして、許可をいただいた上でサロンにて対面しました。

さっそくお気に入りのオモチャとブランケットのことを教えてくれたラッキーちゃん。飼い主のママさんはそれを聞き「そう言えば昨年の旅行のときに『オモチャとブランケットを忘れないで!』と言われたのに今年も忘れちゃった」と思い出し、コミュニケーションは反省の弁から始まりました(笑)。

そして次に「みかん」と言ってきたので、何のことかと思いながらお伝えすると、今回はみかんのオモチャを日本から持ってきたそうで、今朝はそのオモチャが見当たらなくなってしまったので部屋を探してほしいということでした。

さらにラッキーちゃんが「朝市は?」と言うので「朝市に行かれたのですか?」と尋ねてみると、昨日から「明日は朝市に行こうね!」と何度もお話をしていたとのこと。結局ラッキーちゃんが眠そうだったので行くのをやめてしまったらしいのですが、当のラッキーちゃんは行く気満々でいたようでした。

心と心の会話でつながる

ラッキーちゃんは、犬のなかでも人間の言葉をかなり理解できる子のようです。パパさん、ママさんの何気ない言葉までそのまま理解し、私が通訳するたびに意思表示の合図をしてくれる不思議な子なのです。

ママと留守番をするときに少し神経質になることがあるということなので尋ねてみると、「パパに『ママとちゃんとお留守番お願いします』って、ママを守るお約束を頼まれているの」と教えてくれました。これを聞いたパパさんが少し工夫して〝ママを守るお約束〟と口にしないようにしたところ、お留守番中もリラックスするようになったとのご報告がありました。

さらにお出かけの際に行きたいかどうか聞くようにしたら、疲れているときは留守番のときに使うベッドに横たわり、行きたいときはうれしそうに抱きついてくるという意思表示をしてくれるので、ラッキーちゃんの意見を聞いてお出かけできるようになったそうです。寒い日はお散歩に行きたがらないので「お家でトイレできたらお散歩しなくてもいいよ」と言うと、すんなりしてくれるようにもなったとか。ラッキーちゃん、あっぱれです！

きっとラッキーちゃんは、向き合ってくださるパパさんやママさんと、心と心で会話ができ、言葉を超えた強い絆でしっかりと結ばれているのだと思います。そんなすてきなご家族との出会いに、心から感謝しています。

心が通うコミュニケーション

お気に入りのベッドはどこ？

本日のお客さまはハワイ在住のラブラドール・レトリーバー、ブラッドリーくん。まずは飼い主さんからの「体調で気になる点は？」という質問に「ちょっと下腹が気になるんだよ」と答えました。

じつはブラッドリーくん、飼い主さんが少し目を離したすきにとうもろこしの芯を4本も丸飲みしてしまい、開腹手術をしたばかりだそう。いつも気になるわけではないようですが、ときどきうずくような感じだと教えてくれました。その手術の際、腸捻転にならないように腸の一部を留める手術も行ったとのことでした。

そして「最近お気に入りのベッドが見当たらないんだ」と続けます。そのベッドの映像を飼い主さんにそのままお伝えすると「あっ！　じつは最近家を引っ越したばかりで……。ブラッドリーは昔の家ではいつもそのベッドに寝ていたのですが、今はガレージに置きっぱなしでした」とのこと。ブラッドリーくんはベッドを置いてほしい場所まで指定してくれました。「そういえば、いつもその場所で寝ています」と飼い主さんもうなずいていました。

気持ちが伝わり絆が深まる

それからブラッドリーくんは、海が大好きだということもお話ししてくれました。そして、最近海で泳いでいたときに黄色いライフジャケットを着ていた犬と会い、その犬から「これいいぜ〜」と教えてもらったそうで、そろそろ体力も落ちてきたので自分もジャケットが欲しいと言うのでした。「たしかにこの前、海でライフジャケットを着た犬がいて、その犬をじっと見つめていましたね（笑）」ということで、飼い主さんはアニマルコミュニケーションの後、黄色いライフジャケットを買ってあげたそうです。

さらに「海は大好きなんだけど、その後が大変なんだよ」と続けるブラッドリーくん。……その後とは一体何なのでしょうか？

海から出た後は海水や砂を落とすためにシャンプーする習慣なのだそうですが、ママさんの洗い方が雑らしく、もう少していねいに洗ってほしいということのようでした。するとママさん、笑いながら反省……。

数日後、ママさんからご報告が届きました。アニマルコミュニケーションの後で「今まで気がつかなくてごめんね」とブラッドリーくんとお話しされたそうです。そしてライフジャケットを着せて海に連れて行ったら、すごく喜んでいたとのことでした。何よりも今まであんなに嫌がっていたシャンプーを、ブラッドリーくんがまったく逃げずにできたということにびっくりしていました。

そして「もしもおなかが痛くなったら教えてね」と言うと、理解したかのように返事をしましたというご報告。アニマルコミュニケーション後はワンちゃんとの絆がさらに深まり、気持ちが通じるようになって良かったとすてきなお言葉もいただきました。

少しでもお役に立てたこと、心からうれしいです。こちらこそ、ありがとうございました。

vol.12

幸せかどうかは紙一重

「脚が短い」って言われたくない！

飼い主さんの自宅兼オフィスに出勤しているという、ミニチュア・ダックスフンドのドリちゃん。私がオフィスにお邪魔したときには、玄関先でかわいいしっぽをふりふりしながら、ごろ〜んとおなかを見せてお迎えしてくれました。オフィスを訪れるお客さまを、いつもこんな風に大歓迎しているそうです。

そんなドリちゃんですが、初対面の私にいきなり「肩をマッサージしてくれる?」と話しかけてきました。どうやらドリちゃん、肩こり持ちらしいのです。飼い主さんの話によれば、ドリちゃんは先天的に前足の付け根が弱いそうで、抱っこのときも角度によっては「キャイン！」と鳴くことがあるのだとか。その前足を自分でかばうために、ときどき肩がこってしまうようでした。

ほかにも話を聞いてみると、何と「『脚が短い』って言わないで！」という要望が出ました。それには飼い主さんも思わず苦笑……。ダックスフンドと言えど、やはり脚の長さは気になるものなのですね（笑）。

飼い主さんに出会えた幸せ

さらにドリちゃんのお気に入りの色はピンクだそうで、てっきり赤だと思い込んでいた飼い主さんはびっくり仰天！　続けて、お気に入りのピンクのベッドかふとんのような映像を見せてくれました。

じつはドリちゃんは、飼い主さんが何気なく立ち寄ったペットショップでぽつんと1頭売れ残った犬だったそうです。一度は店を後にした飼い主さんですが、どうしても気になって引き返し、ドリちゃんを迎えることにしたのだとか。

閉店を控えたショップだったこともあって、飼い主さんは店員さんからオモチャや犬用ベッド一式をもらい受けます。ドリちゃんは、そのピンクのベッドと一緒に新しいお家、つまり今の飼い主さん宅にやって来たそうです。だからこそ、ピンクという色には彼女なりの思い入れがあるのかもしれませんね。

誰にでもおなかを見せるのは、一日も早く誰かのお家に連れて行ってもらえるよう、ペットショップで一生懸命アピールしていたことがクセになってしまっているようでした。ドリちゃんの健気さに、飼い主さんも私も思わず涙……。

人も動物も、同じく大切な命であるはず。けれどペットとして生まれた動物たちは、自分の意思とは関係なく人間の身勝手な判断で運命を左右されることが多々あるのです。もしもあの日、飼い主さんがドリちゃんを迎えていなかったら、彼女の今の幸せはないのかもしれません。

まさに幸せと不幸とは紙一重。その証拠に、ドリちゃんの顔はペットショップで出会ったころと今とではまったく違うそうです。今はくりくり大きな目のドリちゃんですが、出会ったときはもっと目が小さかったとか……。今がどんな状況なのか、幸せなのかそうでないのか、ワンコの顔にも表れるものなのですね。

これから先は人間も動物たちもやさしい気持ちで暮らせる、穏やかな世の中になりますように。そう祈らずにはいられません。

家族になろうよ

「パパ」ではなく「お兄ちゃん」

仙台で出会ったチワワの女の子、チップちゃん（3歳）のお話です。

チップちゃんを連れてきたのは、飼い主の若いご夫婦。最初の質問は、「チップは私たちのことをどう思っているのか？」というものでした。さっそく聞いてみると、チップちゃんはご主人を「お兄ちゃん」と呼ぶではありませんか。それを聞いた私は「パパではなく、お兄ちゃん!?」と、少なからずびっくりしてしまいました。

なぜパパ、ママと言わないんだろうと思って話を聞いてみると、ご夫婦は最近ご結婚されたそうで、以前はご主人とお母さま、チップちゃんの3人で暮らしていたとのこと。そこに奥さまが嫁いできて、現在に至っています。

ですからチップちゃんにとっては、奥さまはまだ「お兄ちゃんのお嫁さん」という感覚のようでした。でもそのうちに、ご夫婦がパパ、ママとなり、お母さまがおばあちゃんのような認識になっていくのではないかなと感じました。

お気に入りのエプロン

続いて、チップちゃんのお気に入りは何なのか尋ねてみました。するとエプロンのようなものを見せてくれて、そこに包まれてぴったり抱っこされているようなイメージを伝えてきます。よくわからないながら、そのイメージをお2人に伝えると、それはどうやらお母さまのエプロンのことのよう。

お母さまはふだんよくエプロンを身に着けていて、そのエプロンにチップちゃんを包んで抱っこして歩いているそうなのです。想像しただけでかわいくて、心がほんわかしてきました。

最近変えたフードは、硬くてあまり好きではないということもわかりました。「フードの上に白いものをトッピングしてほしい」との細かいリクエストまでありましたが、確認したところ「たぶんチキンだと思います」ということでした。

「自分は犬」というプライド

さらには「私のことを犬じゃないって言う人がいるのよ」と訴え始めたので、「何て言われるの？」と聞いてみると「子鹿って言われるんだよ！」と……。すると、「それは私です。犬じゃなくて子鹿みたいだねって言ってます」と奥さま。笑いながらも反省しきりの様子でした。こんなに小さなチップちゃんですが、「自分は犬だ」というプライドを持っているのですね。

そして、「かぶるのもイヤなんだけど」という発言もありました。かぶりもの？帽子かな？と思っていたら、ご主人が袋をチップちゃんの頭に乗せて遊んだことがあるそうで、そんなことも全部ばらされてしまいました。

その後も、お気に入りの水玉の毛布のことなどたくさんのお話をしてくれて、楽しい時間が流れました。チップちゃん、「パパ」や「ママ」と一緒に、これからもご家族みんなで幸せに暮らしてくださいね！

楽しい話と意外な事実

ママとゆったり過ごすこと

アニマルコミュニケーションの場では、飼い主さんが思いも寄らない、意外な話が飛び出してくることがよくあります。これはハワイ在住の飼い主さん（日本人）のお話です。

まずは先住犬のまっちゃん（アメリカン・コッカー・スパニエル／♂／10歳）。ときどき動悸がするらしく、「毎日無理に散歩をしなくてもいいよ」と教えてくれました。さらに「最近のママは仕事が忙しそう。昔と違って、ゆっくりする時間がないみたいで心配なんだ」とのことでした。飼い主さんによれば、確かに仕事が忙しく、最近はリビングで座る時間もないほどなのだそうです。「まっちゃんにとって何が幸せなのか」と問いかけると、「何かしてほしいことがあるわけじゃなくて、ママとゆったり過ごすこと」だと教えてくれました。

また娘さんには、ときどきビーチに連れて行ってもらうそう。でも、「楽しいけどその後が大変なんだよ。もう少していねいに洗ってほしい」のだとか。それには飼い主さんも大爆笑！　どうやら、雑な洗い方がまっちゃんのお気に召さなかったんでしょうね。

後ろ足に起きていたこと

そして次はかんちゃん(チワワ/♂/5歳)の番。真っ先に「煮干が食べたい!」と訴えてきました。以前はお土産で煮干をたくさんいただく機会があり、かんちゃんにもあげていたのですが、最近は煮干が切れていたようです(笑)。

続けて、「最近ボール遊びをしてくれない!」と文句を言います。「そう言えば昔はよくボール遊びをしていました」と飼い主さん。かんちゃんはそのせいでストレスがたまり、ついまっちゃんにちょっかいを出しては怒られているそうで、「ボール遊びをしてくれたらストレス発散になるんだよ」とも教えてくれました。

そしてお気に入りのシーツがたまに見つからなくなるときがある、とも言います。そのシーツはかんちゃんが生まれたときから使っているもので、ときどきソファーのあいだに挟まったり、落ちていたりすることもあるそうです。飼い主さんは「注意するようにします」と約束してくれました。

体の具合については、後ろ足の付け根が気になっているようでした。飼い主さんは足が丈夫な犬だと思っていたそうで、それを聞いてびっくり！　いつも飛び跳ねるように歩いているので、足が丈夫だからスキップをしているのだと思い、「楽しそうなスキップ犬」などと呼んでいたくらいです。しかしかんちゃんいわく、「後ろ足の関節が痛いときには、飛び跳ねて自分で関節を調節している」とのこと……。重くうずくこともあるようで、そういうときは温めてほしいそうです。これは本当に意外で重大な発見でした。

その後、２０１４年7月にまっちゃんが虹の橋を渡ったという知らせが届きました。まっちゃんは、いつもお空の上からみんなを見守ってくれているんでしょうね。

ロビンちゃんとともに…

「私のことを信用して！」

今回は、長年のお客さままで、ハワイと日本の両方でセッションにお越しくださる飼い主さんとミニチュア・ダックスフンドの女の子、ロビンちゃんのお話です。ロビンちゃんとの出会いは、そのときから約5年前のこと。当時ロビンちゃんは椎間板ヘルニアの手術を受けた直後で、飼い主さんはロビンちゃんの体がとても心配だったらしく、一日じゅうつきっきりという状態でした。ずっと抱っこで、あれもこれも危ないからと「ダメ、ダメ、ダメ！」の毎日だったそう。

そこでロビンちゃんの意見を聞いてみると、ためらうことなく「もう少し私を信用してほしいの」と言いました。そのことをお伝えしてから、飼い主さんは少しずつロビンちゃんを信用するようになり、「ダメ、ダメ！」と言う回数も少なくなりました。

次にお会いしたときには、ロビンちゃんと飼い主さんの関係は劇的に変化していました。お互いに信頼し合い、自信に満ちあふれたその姿には私もびっくり！

うれしさでいっぱいになりました。ただロビンちゃん、そのときはまだほかの犬が苦手だということでした。

スタッフとして認められたい

何度目かのセッションでのこと。飼い主さんは「動物保護活動のボランティアをしたい、でもロビンのことが気がかりで……」と悩んでいる様子でした。ロビンちゃんの気持ちを聞いてみると、「私は大丈夫だから。信用して」と言います。それをそのままお伝えして、私からもロビンちゃんを信じてほしいとお願いしました。

ロビンちゃんとの出会いから5年が経ったころ、彼女は9歳になりました。悩んでいた飼い主さんですが、ついに保護犬の預かりボランティアを引き受けることになったそう。飼い主さんは、「犬嫌いのロビンちゃんが我慢しているのではないか？　負担になっているのではないか？」としきりに心配していましたが、本人に聞いてみるとまったく逆！　何と、「自分もボランティアのスタッフとして認められたいから、バンダナみたいに、犬でも身に着けられるような〝ユニフォーム〟を考えてほしい」と要求してきたのです（笑）。これにはびっくり、飼い主さんも大笑いしていました。

そして、そのときお預かりしていたワンコたちのことをそれぞれ詳しく教えてくれました。9か月齢のチワワには「やられました」とのこと。相手はまだまだ子犬ですから、ぐったりするくらい振り回されたそうです。まさにベビーシッターのようだった、と（笑）。そして、次にやって来たシー・ズーはおっとりさんでとても楽だった、前のチワワがあんなだったので……とも打ち明けてくれました。これには飼い主さんも、笑いながら納得した様子でした。

以前なら考えられなかった、今のロビンちゃんと飼い主さんの姿を見るたびに心からうれしく思います。これからも無理せず、できる範囲でロビンちゃんとともにボランティア、がんばってくださいね。

小さな命が、たくさんつながりますように！

意外な発見!?

チーズとプリンとシー・ズー

わざわざ日本からハワイのサロンを訪ねてくださったご夫妻のお話です。ヨークシャー・テリアのバジルちゃんは9歳、くるみちゃんは8歳で、どちらも女の子です。

バジルちゃんが最初に発したのは「チーズ！」という言葉（笑）。バジルちゃんはチーズが大好物のようですが、動物病院で控えるようアドバイスされたことから、最近はあげるのをやめていたそうです。バジルちゃんの言葉を聞いた飼い主さんは、「食いしん坊なので、たまに少しだけならあげてもいいかなあ」と思ったのだとか。さらにバジルちゃんが「プリンが食べたい」と言ってますよ、とお伝えするとママさんはとても恥ずかしがります。私が「なぜプリン？」と不思議そうな顔をしたらしく、獣医さんに聞かれるよりずっと恥ずかしかったそう。ママさん、ごめんなさい！

続けてバジルちゃんに「お散歩はどう？」と質問してみると、「お散歩は好きよ！でもアスファルトを歩くのはあまり好きじゃないの。土や草の上を歩くのは気持ちいいんだけど」とのこと。要するに「公園までの道のり（アスファルト）が苦手なので、そこまでは抱っこしてください」と言いたいようで、これには飼い主さんも苦笑いしていました。

そして、大好きなぬいぐるみを「太らせてください」とも訴えていました。太らせるってどういうことでしょう……？　どうやらそのぬいぐるみでよく遊ぶうちに、中の綿が出て少なくなってやせて（？）しまった模様。飼い主さんは「太らせるのは難しいけれど、洗濯はします。バジルは嫌がるでしょうけどね（笑）」とのことでした。

驚いたのは、バジルちゃんの「シー・ズーは苦手なの」という発言と、それを聞いたご夫妻の「本当にびっくりした！」という感じのリアクション！　お散歩中にシー・ズーを見かけると、実際にものすごく嫌がるらしいのです。どうやら、以前かなり吠えられたことがあったそうで、それから苦手になってしまったのではないかと……。よく覚えているものですね。

お留守番だって平気！

さて、次はくるみちゃんの番です。くるみちゃんはみんなに見られるのが大好きな、目立ちたがりの女の子。「私はピンクが似合うのよ！ピンクが大好きなの」とアピールしてくれるようなおしゃまさんでした。しかも妹分だからか、自分のことをプリンセスと思っているような雰囲気。そうお伝えすると、飼い主さんも笑いながら納得していました。帰国後、ピンクのお洋服を見せたら大興奮で喜んで袖を通したそうです。

そんな2頭ですが、ご夫妻は共働きなのでふだんはお留守番の時間が長く、ママさんはそれが気がかりでなりません。そこで「お留守番は嫌じゃない？」と聞いてみると、2頭ともあっさり「全然嫌じゃない」。もし嫌と言われたら仕事を辞めようかとまで考えていたママさん、これを聞いてずっこけていました（笑）。

楽しいお話をたくさん教えてくれたバジルちゃんとくるみちゃん、これからも家族みんなですてきな時間を過ごしてくださいね。

アメリカ育ちの柴、日本へ

家の大きさよりも大事なこと

これは、アメリカ生まれアメリカ育ちの柴ちゃんのお話なのですが、まずおわびしなければならないことがあります。私はこれまで、たくさんの飼い主さんとワンコたちのアニマルコミュニケーションをさせていただきました。さらに記事に登場してほしいと思ったときは、飼い主さんにお話しした上でOKならお写真をお借りするのです。ただ、この子のお名前を書きとめておくのを忘れていたようで、わからなくなってしまいまして……。本当に申し訳ありません。

この柴ちゃんは，生まれ育ったアメリカから飼い主さんと一緒に日本に帰国したそうです。日本に来て6か月が経ったころ、飼い主さんがハワイにある私のサロンを訪れてくれました。柴ちゃんが日本とアメリカの環境の違いに戸惑っていないかと、飼い主さんはしきりに心配している様子でした。

まず、「アメリカでの生活でどこのお家がいちばんお気に入りだったのかな?」という飼い主さんからの質問を柴ちゃんに伝えると、「白いフェンスがあって、芝生のあるお家が大好きだった」との答えが。それを聞いた飼い主さんは意外だったそうです。と言うのも、白いフェンスがあったのは住んだことのあるなかでは小さな家だったらしいのです。飼い主さんは、てっきり大きな庭のある家がお気に入りだと思っていたのだとか。

大きな家では確かにのびのびと過ごすことができたようです。けれど、柴ちゃんにとって居心地が良かったのは意外にも小さな家……。飼い主さんの仕事場が近くていつも早く帰ってきてくれたこと、小さな家だからこそいつもそばに寄り添えたことが幸せだった、そう教えてくれました。柴ちゃんにとっては、飼い主さんとの距離感が近いことが何より幸せだったのです。

大好きな飼い主さんと一緒に

好きだった場所はどこ？と尋ねると、「バンダナをつけるところ」とのこと。アメリカではときどき牧場へ行っていて、そこでは思い切り遊んで汚れてしまうので、帰りにペットサロンへ寄ってグルーミングしてもらっていたそう。終わるとバンダナをつけてくれたようで、つまりそのお店がとっても気に入っていたんですね。

さらに「白くて丸いのが大好き」とも言います。最初は「人間の食べものなんてあげていないんですけど……」と言っていた飼い主さんだったのですが、肉まんの皮だけはあげていたそうで、そのことだったのでしょう（笑）。続けて「どうしてお散歩のときに座って歩かなくなるの？」と質問すると「足が熱いの。もっと遊びたいんだけど」と言います。アメリカでは、いつも芝生の上で思い切り遊んでいたので、アスファルトを歩くことに慣れていなかったからだとわかりました。日本ではアスファルトの上を散歩することが多いそうですから。

アメリカと日本、もちろん環境の違いはあるけれど、この柴ちゃんにとって幸せなのは、大好きな飼い主さんと一緒に日本に来られたことだと思います。少しずつ日本の生活にも慣れて楽しいお時間が過ごせますように。心からそう願っています。

盲導犬になれなくても

盲導犬候補生だった犬

みなさまは「パピーウォーカー」をご存じですか？　盲導犬候補の子犬を、約10か月にわたって家族の一員として預かるボランティアのことです。このお話の主役は、盲導犬の候補生だったゴールデン・レトリーバーの男の子、ウーちゃん。股関節形成不全を患ったため、盲導犬になることなくパピーウォーカーさんの家に引き取られ、11歳を目前に急性の悪性リンパ腫で亡くなりました。

飼い主さんがハワイを旅行した際に私のサロンを訪れてくれたので、虹の橋を渡ったウーちゃんとお話をさせていただきました。開口一番、ウーちゃんから「たくさんの犬たちが助けてくれたから、ありがとうと伝えてほしい」とのメッセージ。何のことだかわからないまま、その旨を飼い主さんにお伝えすると、「ウーちゃんに輸血が必要になったとき、急なお願いにもかかわらず、たくさんのお友だち（犬）が駆けつけてくれたんです」ということでした。ウーちゃんは輸血が怖かったそうですが、みんなの応援に応えようとがんばったことも教えてくれました。だから、心からお友だちに感謝していると言っていたのです。

続いて、ウーちゃんが大好きだった水辺の湖や川、海、そして小さなお花が咲いている芝生のような大好きな場所について教えてくれました。そこはいつも仲間が集まるお友だちの家の庭のことだったようです。

そして首輪に付いた赤いさくらんぼ（?）のようなものを見せてきて、「この首輪が大好きだった」と……。その首輪は、飼い主さんがウーちゃんのために作ってもらった、いちごの飾りが2つ付いた首輪のことでした。さくらんぼではなくいちごだったようで、大変失礼いたしました。

周囲への感謝と気遣い

家族1人ひとりとのかかわり方も詳しく説明してくれて、意外なことをばらされて飼い主さんが笑ってしまうという場面も。ウーちゃんはときどきコスプレをさせられていたようで、意外にも楽しかったそうですが、「グリーンの帽子は重たくてイヤだったよ」とのことでした。

食べものについては、「おいしい刺身、レバー、豆腐が好きだった。また食べたい！」とのこと。あまりおいしくなかったおやつを暴露すると、これまた飼い主さんは大爆笑でした。盲導犬にはなれなかったそうですが、「盲導犬の試験にパスしなくて良かったよ～！」との本音ものぞかせてくれました（笑）。

帰国後、飼い主さんより「愛するウーちゃんの思いをアネラさんを通じて聞くことができて、喪失感や悲しみから救われた気がしました。以前のように抱きしめることはかなわなくても、ウーちゃんがずっと寄り添っていてくれるんだと思うとがんばる気力がわいてきました」とのメールをいただきました。

最後にウーちゃんは、「亡くなる前に食べたいものを食べさせてくれてありがとう！　大きな座布団ありがとう！」と。気になる黒ラブのお友だちには、「元気がないみたいだから、僕のお守りをあげたいんだ」とのことで、とてもやさしい子なんですね。

ウーちゃんはみんなに愛され、今でもみんなに愛を届けているのです。ありがとうね、ウーちゃん！

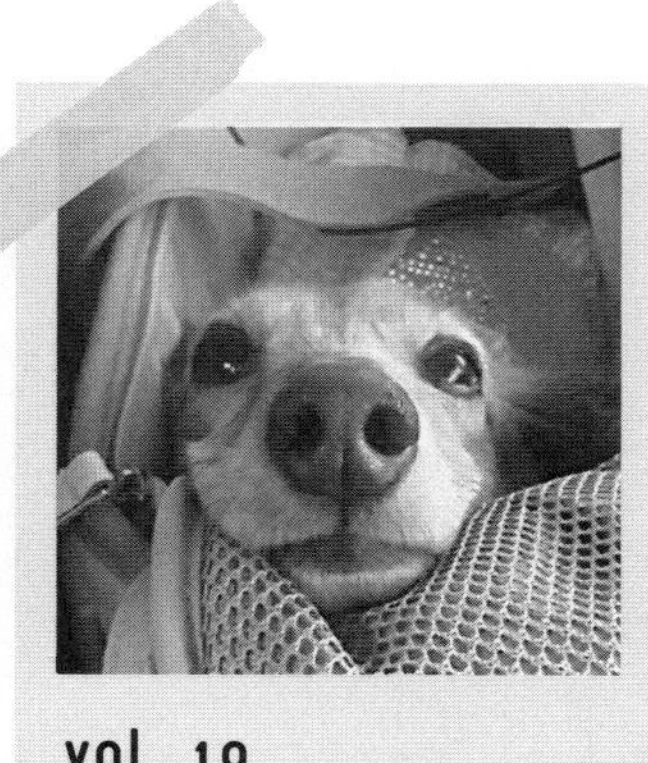

虹の橋を渡っても…

2人（双子）の飼い主さん

虹の橋を渡ったミニチュア・ダックスフンドの女の子、ミニーちゃんのお話です。

ミニーちゃんが亡くなったとき、周囲の人たちが飼い主さんを心配して、アニマルコミュニケーション系の本をたくさん贈ってくださったそうです。けれど飼い主さんは、そのうちの1冊ではなく何気なく本屋さんで見つけたアネラの著書にピン！と来て、それを読んだ後にハワイにある私のサロンまでセッションにいらっしゃいました。数多くの本のなかからアネラを見つけてくださって、心から感謝です。

無事にセッションを終えて帰国された後、飼い主さんから「びっくりしたことがありました！」とメールをいただきました。ちなみにミニーちゃんには、飼い主さんが2人いました。というのも、飼い主さんが双子だったから。双子の飼い主さんのそれぞれの扱い方や特徴の違いなどを教えてくれて、セッションの場では笑いが起こりました。

さらにミニーちゃんにはチューリップにたくさんの思い出があるらしく、チューリップを映像として見せてくれたのですが、そのとき飼い主さんはその意味がまったくわからなかったようでした。帰国後、もうひとりの飼い主さんに聞いてみると、その方とミニーちゃんの散歩コースはチューリップの花壇のあるところだったそうで、チューリップを見ながらよくお話をしていたことがわかったのです。

茶色の毛布の思い出

さらにセッションのときに、「茶色の毛布はどうするの？」とミニーちゃんが尋ねてきました。それをお伝えすると、飼い主さんには本当に心当たりがなく、「茶色じゃなくてベージュじゃないの？ 黄色じゃないの？ それも違うなら、キャリーバッグのことかもしれない……」などと思ったそうでしたが、私は「茶色ですよ！」と頑固に譲りませんでした（笑）。なのでそのときは「ベージュが茶色に見えていたのかもしれない」と勝手に納得していたそうです。

帰国後、生前ミニーちゃんがいた場所をふと見てみると、何とそこには茶色の毛布を敷いていたのでした。その場所を見ては、「あの子がここにいたのになあ」とよく泣いていたことも思い出したのだとか……。「なぜあのときは気がつかなかったんだろう、緊張していたからかな?」とも思いましたが、そう言えばミニーちゃんが体調を悪くしてからよく使っていた毛布だったことを思い出したそうです。

ミニーちゃんと飼い主さんしか知らないことをお伝えさせていただくことで、飼い主さんも後悔の気持ちから解放され、「あの子は私が後悔することも泣くことも望んでいないんですよね」と前向きな気持ちに……。そして「ミニーちゃんで後悔したことはほかの子にはしない！　それでいいんだ！」と思えるようになったのだとか。大好きな動物にかかわることをしていきたい、とメールは締めくくられていました。動物たちがつなげてくれるすてきな出会いとご縁に、心から感謝したいと思います。飼い主さんのこれからのご活躍を、楽しみにしています。

感覚の違い

よかれと思っているのに

ハワイへお越しの際に必ずアネラのサロンに来てくださる、リピーターさんのワンちゃんのお話です。今回は、ご主人と息子さん2人での旅行ということでした。ご主人が話し始めると開口一番、「うちの犬、ちょっとおバカなんでしょうか……?」。続いて「何で、オシッコをするんでしょうか」とのご質問でした。

犬なんだから、オシッコはするでしょうに……と思いつつ、一応当のワンちゃん（ビーグルのダブスくん）に聞いてみることにしました。するとダブスくん、「だって、僕がオシッコで一生懸命つけているなわばりのニオイを消すんだもん」と反論（?）するではありませんか。

どういうことなのか詳しく聞いてみると、ダブスくんは外飼いなのですが、ご主人はタブスくんがきれいなところで寝られるようにと、犬小屋、毛布、ケージの中、すべてをきれいに洗ってあげているということでした。しかも毎日!

ご主人は「きれいに洗うそばからオシッコをかけてしまう」とおっしゃるので

すが、ダブスくんは「まったく、余計なことをしないでほしいな。親切だなとは思うけど、大きなお世話だよ！」と主張……。

ご主人は毎日汗をかきながら、「タブスのため」なんて思いながら掃除しているのに、タブスくんはそのすぐ横でオシッコをかけているのだそう。「このバカ犬〜！」なんて思いながらも、せっせときれいにしていたということでした。

要するに、ダブスくんは自分のなわばりを示すマーキング（オシッコ）をつけてもつけても毎日消されてしまうので、さらにオシッコをする。そしてご主人はニオイが気になるからと、負けじと毎日お掃除をしている。そんな現状だと言えそうです。

おやつにも行き違い発覚！

次に、ダブスくんは自分の好きなおやつを映像で見せてくれました。「僕が食べたいのは細いスティックの……」とここまで言うと、ご主人は「ああ、わかった！　緑のスティックですよね〜」。ところがダブスくんは「違う、違う！」と言います。するとご主人は「だって毎日緑色のスティック状のおやつをあげてるんですよ。体臭が気にならなくなる効果があるとかで……」とのこと。「それは違うなあ〜」とダブスくんが言い張るのでさらに詳しく聞いてみると、彼の好物は「こないだ人からもらって、あげたビーフジャーキー（ご主人談）」ということが判明しました。

毎日消されるなわばりのニオイを必死でつけるダブスくんと、そのニオイを毎日消すご主人。毎日食べているから犬の好物だと思っていたおやつは、じつは「もらえるから食べるけど、本当に食べたいのは違うおやつ」だったという事実。愛犬のことを知っているようで行き違いになっている飼い主さんというのは、意外に多いのかもしれませんね。

さて、あなたと愛犬はいかがですか？

パパとママと
ティファニーちゃん

切り替えの天才

仙台からハワイにあるアネラのサロンにお越しいただいたのは、トイ・プードルの女の子、ティファニーちゃん（4歳）の飼い主さんご夫妻です。ご主人（パパ）はふだんは単身赴任で、週末だけお家に帰ってくるそう。ティファニーちゃんはパパが大好きで、帰ってきたときはそれはそれはべったり！奥さま（ママ）が「ふだんお世話をしているのは私なのに」と、思わずジェラシーを感じてしまうほどなのだそうです。

私がティファニーちゃんに「なぜそんなにパパが大好きなの？」と聞いてみると、「だってパパは思い切り甘えさせてくれるし、何をしても怒らないんだもん」と言いました。そして「あまりにもパパのことが大好きで、寝てるときも見つめちゃうの！」とのこと……。ティファニーちゃんはいつもはママと一緒に寝ているのですが、パパが帰ってくるとパパの枕のところで寝そべり、寝ている姿を見つめているようなのです。車を運転するときも、パパは視線を感じているのだとか。すごいですね！

ところが、大好きなパパが赴任先に戻るのを見送るときは何ともあっさり。ティファニーちゃんはパパの顔も見ないで「プイッ。さあママ、行きましょう！」という感じなのだそうです。このときばかりは、逆にパパがママにジェラシーを感じてしまうそうです（笑）。ティファニーちゃんは何でもわかっていて、「嫌なことは引きずらない」という切り替えの天才（?）なのかもしれません。

謎が解けた瞬間

そして「ピンクのぬいぐるみ（オモチャ?）が見つからないのよ」と訴えかけてきます。詳しく聞いてみると、新しいオモチャを買ったのにオモチャ箱のいちばん下にあって、自分で取れないから何とかしてほしいということでした。ママからの「カエルのオモチャは?」との質問には、「カエルに足がついててそれが邪魔なの」との返事が。足って何だろうと思ってママに確認してみると、ティファニーちゃんとカエルで遊んでいるとなかなか離してくれないので、ひもをつけておいてそれを引っ張って取り返すのだそうです。彼女の言い分は、「ひもなんか外して自由に遊ばせてほしい」とのことでした。

ティファニーちゃんはかなりのグルメでもあるらしく、おやつのことやごはんのこともたくさん話してくれました。「なぜ小さく切らないとジャーキーを食べないの?」という問いには、「お口の周りが汚れるのがイヤなの」と……。確かに、少し長めのジャーキーだと縦にして食べていると言うことでした。そうすれば、口の周りは汚れませんもんね。

さらにママからの「じゃあ、お散歩から帰ってママが足をふくとき、なぜときどき噛もうとするの?」という質問を伝えると、「だってときどき雑にふくんだもん」との答えが。ママは笑いながら「そうかも」と納得したようです。

何と好きな子(犬)もいるようで、こっそり「クリーム色の子が気になるの」と教えてくれました。ペットサロンに預けたときに、トリマーさんから「クリーム色のワンちゃんと仲良くしてましたよ」と言われていたそうで、今までママがなぜ? どうして? と思っていた謎が解明された模様。良かったですね。

ワンコの気持ちに寄り添って

テリアだから仕方ない!?

私の著書をたまたま本屋さんで見つけて、アニマルコミュニケーションのためにハワイのサロンまで来てくださった飼い主さんのお話です。

日本テリアのぽうちゃんは、13歳の男の子。「飼い主さんと一緒に寝ているとき、どこか体が当たると噛む」というご相談でした。時には強く深く噛むこともあるとか。飼い主さんは「このままでは一緒に暮らせなくなるのでは……」とまで思い悩んでいました。

この噛みグセについては、ドッグトレーナー、犬の幼稚園、はたまた訓練所まで相談に行かれたそうですが、「日本テリアだったらこんなものですよ。直らないと思うので、あきらめてください」などと言われるばかりだったとか。「こういう犬種だから仕方ない」、「あきらめてください」、「直りません」などという言葉が出てくるという事実が、個人的には残念でなりません。

犬の問題行動には必ず理由がある、そう感じています。私はアニマルコミュニケーターなので動物の気持ちを通訳することしかできませんが、飼い主さんが理由を知ることが解決につながるケースもあるのではないでしょうか。

本当の噛む理由

飼い主さんがサロンにいらっしゃったのは、2014年8月のことでした。ぽうちゃんにさっそくなぜ噛むのかと尋ねてみると、「ときどき関節が痛いことがあって、そこに何かが当たると嫌なんだよ」ということでした。だから急にさわられたり、一緒に寝ているとき飼い主さんの体が痛い部分に当たるとびっくりして噛んでしまうことがあるんだ、と教えてくれたのです。さらには「目が少し見えにくいときもあるんだよ」とも……。

でもぽうちゃんは、パニックで噛んでしまった後はとても後悔しているようでした。飼い主さんも、ぽうちゃんが噛んだ後に反省しているみたいだと感じていたそうです。

ほかにも、「今の犬用ベッドは硬くて居心地が悪いなあ」、「小さい枕が欲しい」など、たくさんお話ししてくれました。飼い主さんにはそのことをすべてお伝えしました。飼い主さんは帰国後、さっそくぽうちゃんの願いをすべてかなえてあげたそう。まず最初に、やわらかいベッドと枕を買ってあげたのだとか（笑）。さわるときも、関節のことを気にかけていきなり手を出さないなど、今までとほんの少し見方を変えて違う角度から接するように心がけました。すると自分のベッドで寝るようになり、「あれ以来一度も噛まれなくなりました！」とうれしいご報告が届きました。そして2015年のお正月に、再度ハワイのサロンを訪ねてくださったのです。「あんなにたくさんのドッグトレーナーに相談して、あきらめなさいと言われたのがウソみたいです！」と喜んでいたのが印象的でした。

微力ながら、こうして少しでも動物たちの気持ちをお伝えして、飼い主さんやワンコにとって心地良く暮らせるお手伝いができることに感謝です。あきらめる前に、飼い主さんがほんの少しだけでもワンコの気持ちに寄り添っていただけたらうれしいです。

対照的な姉弟ポメ

お姉ちゃんの言い分

今回は、ここあちゃん（♀／6歳）、しょこらくん（♂／3歳）というポメラニアンのお話です。ここあちゃんが先住犬、しょこらくんは後から家族の一員となったワンコで、姉弟のように仲良しなのだそうです。

でもここあちゃんには、どうしても譲れないもの（大切にしているピンクのベッド）があるのだとか。そのベッドをときどきしょこらくんに取られるらしく、飼い主さんご夫妻に「ケンカはしたくないから譲ってるけど、やっぱり見つけたらしょこらを叱って助けてほしい」と要望がありました。

しょこらくんが甘え上手で、パパによく抱っこされているのを見て「ずるいなあ」と思うこともあるとか……。独立して家を出たお兄ちゃんがときどき遊びに来ると、ここあちゃんをいちばんにかわいがってくれるそうで、「お兄ちゃんが大好きなの～」とも言っていました。この話を聞いて、パパはママに「ほら、だから私がいつも『しょこらばっかり抱っこしないで』って言ってるでしょ！」と叱られていました（笑）。

続いてここあちゃんは、細い草のようなイメージを私に見せてきました。お散歩のときに細長い草を見つけると食べているので、パパやママは「食べちゃダメよ」とやめさせているそう。詳しく聞いてみると、ふだんから胸焼けのような症状を起こしやすいとのことで、体調を整えるために食べたくなるというのです。ご夫妻に伝えると、これからは犬が食べられる草を用意します、ということでした。

弟の言い分

しょこらくんにも話を聞いてみると、開口一番「いけないものを食べてごめんなさい！」と言うではありませんか。何のことかと思っていると、小さくてかなり甘そうなものの映像を見せてきました。もしかしてチョコレート……？　パパとママによれば、以前チョコレートを食べてしまってみんなに心配をかけたことがあるようで、それをとても反省している様子でした。

そして「パパと2人で行く散歩が大好き！」だそう。ここあちゃんと一緒だと歩くテンポが違うのと、ここあちゃんから「そっち行っちゃダメ！」などと言われるらしいのですが、パパだけだと自分の好き放題にできるらしいのです。もっと話を聞くと、今度は青い三角形のウエアかバンダナのようなものを見せてくれました。それはどうやら以前使っていたハーネスで、今使っている黒いハーネスよりもそちらのほうが動きやすいし、体に合っていてお気に入りだったそうです。

そんなしょこらくん、「自分では無理だけど、乗りたいところがあるんだ」とも教えてくれました。それはベージュっぽい色をしていて、どうやら高いところのようです。どこだろうかと考えていると、パパが「もしかするとテーブルの上のランチョンマットかな?」と。「いつも家族が食事をするテーブルの上に乗って思い切りおいしいものが食べてみたい!」、そんなかわいい夢を打ち明けてくれたしょこらくんでした。

ここあちゃんとしょこらくんの行動に必ず意味があることを理解できたと、喜んでらっしゃったお2人。生活もワンコたちとの関係も以前とは少し変わったそうで、お役に立ててとてもうれしく思いました。

似たもの親子？

繊細さは家族共通

以前軽井沢で行われた犬のイベントにゲストとして参加させていただいたとき、とある犬雑誌の取材を受けました。ちょうどそのときドッグランにいたゴールデン・レトリーバーの女の子、ローズちゃんにお願いして、写真撮影に参加してもらいました。

同じく軽井沢で行われた次回イベントにも呼んでいただいたのですが、ローズちゃんと飼い主さんに、今度はアニマルコミュニケーションのお客さまとして再会することとなったのです。ローズちゃんはほかのワンちゃんが苦手ということでしたが、先だっての取材のときにはそうは見えませんでした。たまたま居合わせたバディーくんというレトリーバーも急きょ参加してくれて、ママの心配をよそにとてもすてきなお写真に仕上がっていました。

さてローズちゃんですが、「最近お尻が気になる」そうで……。お尻って一体何のことでしょう? 詳しく聞いてみると、「最近おなかの調子がなんだかすっきりしなくて、ちょっと不快なの」と教えてくれました。下痢や便秘ではないのですが、ちょっと気持ち悪そうな様子です。ウンチの回数は多いものの、いまいちすっきりしないよう。

とても敏感なのか、トイレの場所が変わると途端に便秘がちになるというのです。するとママが「私もほかの場所でできないんです」、さらにはパパも「僕もほかの場所ではダメだなあ」と。まるで人間の親子のようにパパとママ、そしてローズちゃんが似ているので思わず笑ってしまいました。

「太った」って言わないで！

原因を探るべく、さらに突っ込んで飼い主さんに聞いてみると、最近ちょっと体重が気になってきたのでフードを変えたとのことでした。「このフードを食べるとウンチがよく出るようになりますよ」と獣医さんにすすめられて、それに従ったそうです。

そこでローズちゃんは、「『太ったねぇ〜』って言わないで、と伝えてほしいの」と言いました。そのことをお伝えすると、パパがママに向かって「ほら、だから言っただろ！　お前がいつも『太ったね』ってローズに言うから……」と注意し、ママはすっかり反省していました。そして今度は、ママがパパに対して少し反撃！「あなた（パパ）だって、私に向かっていつも太った、太ったって言ってるじゃないの～」。これにはパパも思わず苦笑いです。

あれ？　ここでもまた同じ？　みんな似たようなことをしてるみたいですよね。ほほ笑ましいエピソードだらけのローズちゃんご家族とお話しできて、私の心もほっこり幸せ気分になりました。

ところでパパは、日ごろからローズちゃんの気持ちがわかるのだとか。「ローズはこんな風に思っているのかな？」と感じていたことが、ほぼ私の通訳と同じだったようです。パパはますますローズちゃんとの関係に自信を持てたようで、本当によかったです。

愛犬とわかり合える自信がつくことで、さらにコミュニケーションも取りやすくなるもの。これからもどうぞ楽しいお時間をたくさんお過ごしくださいね！

個性豊かな
セントきょうだい

同じ犬種でも全然違う！

ここでご紹介するのは、ハワイのサロンに何度か来てくださっているリピーターの飼い主さん。日本ではご家族で温泉旅館を経営されています。前回はちょうど3頭目の犬を迎える前だったと記憶しており、2頭のセント・バーナードのアニマルコミュニケーションを行いました。そのちょうど1年後、家族が増えてセント・バーナード3頭になったということで、改めてそれぞれのワンコのアニマルコミュニケーションをさせていただきました。

まず、女の子のアリスちゃん（2歳）は最近手術をしたそう。飼い主さんが左足の手術の話をしている最中にもかかわらず、「右の後ろ足が気になるの」と言いました。あれ？ でも今、飼い主さんは左足のことを言ってるのに……と思いながらそのことをお伝えすると、「そうなんです、旅行中に預けているところから『アリスちゃん、右足を引きずっているようですよ』と連絡がきたようで」とのことでした。

でも、いちばん心配だった左足の手術の経過は良好。今は痛みもないようで、良かったとひと安心しました。でも本人いわく、「手術はもう嫌！」なんですって。

次にもう1頭の先住犬であるレオくんは唯一の男の子で3歳。でも家ではいろいろあるようで、「女は本当に本当にうるさいんだよ」とこぼしておりました(笑)。でも、そんな彼がいちばんの甘えん坊さんだと飼い主さん。不器用な性格なのかやさしすぎるのか、女子ワンコにやられっぱなしの毎日を送っているのだとか。がんばれ、レオくん！

さて末っ子女子のベアリーちゃんはまだ1歳。飼い主さんによればおてんばでじゃじゃ馬だそうですが、会話を続けるうちに温泉旅館の看板犬に向いていそうだな、と思いました。というのも、「私はプリンセスなの」なんて言ってくるんです。さらに「私はみんなから脚光を浴びるのが大好きなの～」と、自ら看板犬になりたいと希望してきたほどでした。

3者3様の個性を大事に

今まではアリスちゃんが主に看板犬を務めていましたが、おっとり&のんびりな彼女はどちらかと言うとお家でお留守番しているほうが性に合っているようです。アリスちゃんには頑固な一面もあるようで、赤いリボンがお気に入りで女子力も高く、「私は女の子！」という意識が強い子でした。

対するベアリーちゃんは、前述の通り公の場でみんなから脚光を浴びたいタイプ。セント・バーナードながら「私はジャンプするのが得意で大好きなのよ！」とも言いました。確かにハイパーで、よくジャンプしているようです。体力があり余っているようなので、ドックダンスなど上手にできそうかも？と思い、その旨お伝えさせていただきました。

自ら進んで看板犬になりたいベアリーちゃんと、彼女の体力についていけず疲れちゃうレオくん、ベアリーちゃんが看板犬としてお店にお出かけしているときは「ゆっくり休めてうれしいかも～」というアリスちゃん。それぞれの性格を知り、その子のやりたいことやぴったりの扱い方を見つけてあげることで、人も動物たちもさらに楽しい時間が過ごせるのではないでしょうか。

さて、あなたのワンコたちはいかがですか？

vol.26

幸せの大きさ

昔はウザかったけど

日本でのセッションで出会ったトイ・プードルの女の子、リンちゃん（10歳）とアンリちゃん（4歳）のお話です。

アンリちゃんは目の病気を患ったため、右目を手術したそうです。飼い主さんのいちばんの気がかりはそのことらしく、今は一体どんな状態なのか、手術をして良かったのかどうか、本当は手術をしなかったほうが良かったのでは……などと思い悩んでいたとか。そこでそのことをさっそく聞いてみると、アンリちゃんいわく「目の状態は日によって違うけれど、ボーッとは見える」とのことでした。体調によってぼやけて見えることもあるものの、まったく見えないという感じではなさそうです。それを聞いた飼い主さんは、ホッとひと安心。

そして何と、先住犬であるリンちゃんがアンリちゃんに寄り添ってくれていることがわかりました。アンリちゃんは「リンちゃんがいるから怖くないの、全然大丈夫！ 私、リンちゃんがいるから堂々とできるんだよ」と教えてくれたのです。

たしかにアンリちゃんは、目が不自由な割にはまったく物怖じしません。飼い主さんは、リンちゃんのお姉ちゃんぶりに感心していました。でも、最初アンリちゃんがお家にやってきたときはとにかくうるさかったようで、リンちゃんは「昔はウザい存在だったんだけど……」と本音をぽろりと教えてくれました（笑）。

ワンコと家族の深い絆

そして、それぞれに「お気に入りはなあに？」と聞いてみたところ、アンリちゃんはソファーに置いてあるクッションが大好きだそうで、食べものなら何と言ってもチーズ！それを聞いて飼い主さんは、「目の手術の後に、ごほうびとしてチーズをあげたんです。それを覚えているのかも」ということでした。

リンちゃんは人間のベッドが好きで、「とくに枕が気に入ってるの」とのことでした。パパだけは夜寝るときにベッドを使っていて、リンちゃんはよくそこにいるそうです。パパのことが大好きなんですね。食べものはササミが好みということで、同じ環境でも好きなものはバラバラなようです。

そして、リンちゃん＆アンリちゃんにとっていちばん幸せな時間は？という質間には……、「お出かけも楽しいけど、パパのお休みの日にリビングでのんびり過ごす時間が幸せ」だと教えてくれました。いつも忙しいパパへの気遣いに、聞いている私も心がほっこりしました。と言いつつ、大好きな場所は軽井沢の草原だそうで（笑）、「たまにはパパも気分転換に遠出しようよ！」とも言っていました。

そうやって和気あいあいとお話を聞いているとき、突然リンちゃんが「お兄ちゃん（息子さん）のことを気にしている」と言ってきました。「大好きなお兄ちゃんだから、いつも心配してるの。一緒に成長してきたから……」ということのようでした。

犬を飼い始めるときに、リンちゃんを選んでくれたのは息子さんだったそう。リンちゃんと息子さんのあいだには、深い愛情と絆が芽生えていたのですね。ワンコたちの家族への愛に、やさしく温かい気持ちになることができました。

リンちゃん、アンリちゃん、どうもありがとう！

似ているようで、全然違う！

弟ができて、思うこと

これは、飼い主さんがハワイのサロンにお越しくださったトイ・プードルの女の子、モコちゃん（8歳）と、同じくトイ・プードルの男の子、ミニくん（1歳）のお話です。飼い主さんは2頭が仲が悪いのではないかと心配していましたが、まったく逆で、ミニくんはお姉ちゃんのモコちゃんが大好きな弟といった様子です。モコちゃんは当初、「誰なの、この子？」という感じだったそうですが、ミニくんが「お姉ちゃーん！」となついてくるので圧倒されたとか。そのうち、かわいいと思うようになったそうですが、今でもときどきはうっとうしいと思ってしまうようです（笑）。

モコちゃんに飼い主さんの疑問（どうして明け方鳴くの？）をぶつけると、「だって私はおりこうなのに、どうして今さらケージに入れられてるの？」と答えました。すると飼い主さん、「ミニが来てからは、ひとりだけケージに入れるとかわいそうなので、モコも夜はケージで寝かせるようになったんです」とのこと。モコちゃんがいちばん幸せを感じる場所は、何とパパの足の上らしくて、「そこで寝られなくなった」とこぼしていました。

「お散歩はどう?」の質問には、「嫌いじゃないけど怖かったの。でも今はミニくんがいるから少し慣れてきたわ。でも、足が気になるの」とモコちゃん。たしかに足先をよくなめているそうで、ちょっと気にしてあげてください、とご提案しておきました。

弟ができて自信がついたからか、お散歩も徐々に楽しくなってきたようでした。でも「お尻が気になるの～」とも言うのです。パパが肛門腺を絞ってくれているそうですが、良かれと思ってやりすぎているのかもしれませんね。するとそれを聞いたミニくん、「ぼくは絶対やらせませんから!」と。絞ろうとすると、本当に逃げるそうです。

パパは2頭のトリミングもしているそうですが、モコちゃんは「もう慣れました」、ミニくんは「あきらめました」との感想で、それぞれの性格が垣間見えて笑ってしまいました。

それぞれとの付き合い方

ミニくんはパパだけに吠えるらしいのですが、その理由を「うるさくしてびっくりさせるからだよ」と教えてくれました。パパは何かと大きな音を立てるようで、やんちゃですが小心者のミニくんはびっくりしてしまうのです。「吠えるな！うるさい！」、「うるさいのはパパだよ！」などと言い合っているとのことなので、これからはお互いもう少しやさしく接してもらえるようお願いしておきました。

そしてミニくん、さらにパパに対して「遊び方がへたくそなんだよ！」とダメ出しをします。おやつをただ普通にもらえるよりは、頭を使った遊びのほうがおもしろいと言っていました。以前、犬用の知育玩具におやつを詰めて与えてみたとき、あっさりしていたモコちゃんに比べてミニくんは中のおやつを全部取り出すまでがんばっていたそうです。そして卵形のおもちゃが大のお気に入りだそうで、いつも出しておいてほしいとのことでした。

一緒に暮らしていても、性格や考えることがまったく違うことがよくわかりました。とくに意見を言われることの多かったパパさん、がんばってくださいね！

全部バレちゃう!?

話題が豊富なブリットニー

今回は、パピヨンの男の子、ブリットニーくん（10歳）のお話です。アニマルコミュニケーションは2回目ですが、ブリットニーくんは会うたびに違うお話をしてくれるので、話題に事欠きません。先日会ったときには、パパさんの日常を細かく教えてくれました（笑）。

まず最初に、「お尻が気になる」と訴えるブリットニーくん。前回は確か「足や体のかゆみが気になる」と言っていて、それを聞いた飼い主さんがしっかりお手入れをするようになったことで気にならなくなったようでした。ただ今回はお尻の穴の下にある傷跡の線のようなものを見せてきたのです。そのことを飼い主さんご夫婦にお伝えすると、どうやら去勢手術の傷跡がその場所で、どうにも気になっていつもなめてしまう模様。動物病院で相談してみるということで落ち着きました。

パパの朝食にご相伴！

さて、パパさんは出張が多いそうなのですが、家にいるときはブリットニーくんが異常なくらいパパに執着するのだとか。「それはどうしてでしょう」とご相談を受けたのですが、どうやらパパさん、ちょっと、というかかなり、おいしいものを（こっそりと）あげていたようなのです。

何をあげているのかと思っていると、ブリットニーくんが「皮をむくの、皮をむいて食べるの」と伝えてくるではありませんか。皮？　おまんじゅうの皮かな？と思いながら、皮をむくジェスチャーをしてみると、ご夫婦で笑いながら「ソーセージです」とおっしゃいます。どうやらパパは朝食に出るソーセージを、毎日皮をむいてはあげているようです。さらにブリットニーくん、ゆで卵の映像も見せてくるではありませんか。「ゆで卵もあげましたか？」とパパさんに聞いてみると「はい、朝食に出るのでつい……」ということでした。

「どうしてきゅうりを食べるときと食べないときがあるのかな？」というママさんの質問には、「見た目が違うから」と答えます。ママさんはきゅうりを細かくカットしてあげるのですが、そのときは残してしまうそうです。ところがパパさんは、切ったりせずに豪快に1本、かぶりつかせて食べさせていたということでした。ブリットニーくんは、そうやってガブリと食べたかったんですね。

それにしても、前回はここまで食べものの話はしなかったように思いますが、一体どうしたのでしょう。今度は私のほうが気になって聞いてみました。すると、前回（1年前）までは人間の食べものをもらっていなかったことが判明。最近になって、朝食のなかで犬も食べられるものをついあげてしまうんです、とパパさんが白状してくれました（笑）。

さらにブリットニーくんはパパがいるときだけ早起きで、理由を尋ねると「パパの散歩は違うから」とのこと。パパはときどきブリットニーくんを朝早く散歩に連れて行くことがあるそうですが、誰もいない早朝の野原で、安全に十分に気をつけながら、リードを外して走らせるとのことでした。きっとそれが楽しいんでしょうね。

ブリットニーくんが次回はどんな経験を教えてくれるのか、私もとっても楽しみです！

白シュナ姉妹の言い分

うるさくしてしまうのは？

数年前、日本でのセッションでトイ・プードルの女の子、ななちゃんと会話をしたときのことです。「気になる白いワンコが2頭いて、1頭はうるさい子でもう1頭は静かな子」とのことでした。そう伝えると、ななちゃんの飼い主さんはどの子かすぐにわかったよう。そして次に私が来日したときには、「ななちゃんの気になるうるさい犬の飼い主です」と笑いながら、飼い主さんが白いミニチュア・シュナウザー2頭とお越しくださいました。

セッションでは、うるさいと言われてしまったステラちゃん（♀）に、どうして吠えるのか聞いてみることに。するともう1頭のモニカちゃん（♀）を守るために騒いでいるらしく、じつはしっかり者のお姉さんだったことがわかりました。モニカちゃんはと言うと、自分がステラちゃんから守られているとわかっているので、安心していられるのだそうです。

そんなステラちゃんですが、ときどきモニカちゃんから無視されることがあるのだとか。どうしてなのかモニカちゃんに尋ねてみると、「ステラちゃんのお小言がうるさいから」と言うではありませんか（笑）。この関係性は意外だったようで、飼い主さんからは後日「毎日よく観察してみると、本当にモニカがうるさがってる感じでおもしろいです」というメールが届きました。

2人のあいだを行ったり来たり

ステラちゃんは「ときどき目がかすむの」とも教えてくれました。「アレルギーみたいなものかも……」と不安がっている様子だったので、そのまま飼い主さんにお伝えしました。さっそく動物病院を受診して獣医さんに話したら、「逆さまつげがあったので抜いておきました」とのことだったそうです。

さらにドッグトレーニングに挑戦中のステラちゃん。「トレーニングは好きだけど、ママの言うことがコロコロ変わるから困っちゃう。この前は『いいよ』って言ったのに、今日は『ダメ！』って厳しくしたりするから気が抜けちゃうの」と不満を述べ、思い当たるふしのある飼い主さんは素直に反省していました（笑）。

車でのお出かけについて聞いてみると、私に敷物のイメージを見せてきました。

そこで飼い主さんに「最近敷物を変えましたか?」と尋ねてみると、まさにその通り。でも彼女たちは「前のほうが良かった」そうで、それを聞いて飼い主さんはがっくり……。

モニカちゃんはハイドロセラピーに通っているらしいのですが、「大好きだけど、泳いだ後はとても疲れる」のだそう。なかなか心拍数が上がらないので、飼い主さんはいつも「スパルタで!」とトレーナーさんにお願いしていたとのことでした。

そのほかは、数日前に食べたハンバーグのことや、お肉のなかでは鶏肉がいちばん好きなことなど、食べものの話が多かったモニカちゃん。そのあいだは私の横にお座りして一生懸命私に話しかけてくれて、それを飼い主さんに伝えると、そちらへ移動して飼い主さんにぴったりくっついて「わかった?」と確認……。ずっと飼い主さんと私のあいだを行ったり来たりしていました。それはとっても不思議な光景で、動画に残しておきたいほどでした。

言いたいことを言えたからか、その後2頭はすっきりした様子だったそう。良かったね!

ごえもんくんの主張

飼い主さんとおそろいで！

ごえもんくんは6歳半、柴の男の子です。飼い主さんがハワイ旅行の際、写真を持ってアネラのサロンにお越しくださいました。まず「最近、いつもと違うんだよ。出たり入ったり……」と、私に教えてくれたごえもんくん。飼い主さんはふだん在宅でお仕事をしているそうですが、ハワイ旅行の準備のために実家に行くなどバタバタされていたとか。

それからはほぼ食べものの話でしたが、突然チェックの柄を見せてきて、「チェックの柄で伝えたいことがある」と言うではありませんか。さっそく飼い主さんとパートナーの方に、「チェック柄のものを何か使っていますか？」と尋ねてみましたが、心当たりがないとのお答え。首輪やリードは？と確認すると「柴なので唐草模様が似合うと思って、その模様でそろえています」とのことです。

それとチェック柄にどういう関係があるのかわからないので、「では日本にお帰りになられたら思い出すかもしれませんね」と話していると、ふと飼い主さんが「私たちはチェック柄のシャツをよく着ています」とおっしゃるので、「それだ!」と思い当たりました。

どうやらごえもんくん、大好きな飼い主さんたちと一緒のチェック柄にしてほしいらしいのです。「なんでみんなチェック柄なのに、僕だけ唐草模様のどろぼう柄なの?」と(笑)。

それを聞いた飼い主さんは、日本に帰ったら唐草模様じゃなくてチェック柄の首輪とリードにします、と笑いながらおっしゃいました。

ごえもん的要望の数々

それから、今度はシルバーの小さな魚を見せてきました。私はてっきりおやつのことだと思ったので、「たぶん乾燥した銀色の小魚、よくおつまみに入っているような……。何かご存知ですか?」とお伝えしました。すると「最近シルバーの熱帯魚を飼い始めたんです。水槽がちょうどごえもんの目の高さくらいの位置になるんですよ」とのこと。どうやらごえもんくん、その魚が気になるらしく「これは誰? 一体何なの?」と言っています。「お家に帰ったらお友だちだと説明してあげてください」とお願いしました。

「トイレの位置を変えないでほしい」との要望も飛び出しました。自宅で仕事をする飼い主さんが、ごえもんくんが粗相をするたびにそこにトイレの場所を変えていたことが判明。パートナーの方は知らなかったそうで、「えっ、そうなの？」とびっくりしていました。

「飼い主さんたちのうち、ひとりの言うことは聞くのにもうひとりの言うことを聞かないのはなぜ？」との質問には「だって真剣に怒ってないから」とのお答えが……。これは図星だそうで、叱るときはあまり真剣でなく、内心「かわいい」とさえ思っているのだとか。すべてお見通しのごえもんくんなのでした。

また、ごえもんくんのベッドにはへこみができてしまったので、飼い主さんはそこにクッションを置いて埋めてあげていたのですが、それはやめてほしいとも言っていました。その〝へこみ〟が好きで、そこに埋まって寝たいから、余計なことはしなくていいというようです。

いろいろと飼い主さんに伝えることができたごえもんくん、今ごろは快適に過ごしているのではないでしょうか。

vol.31

ナースのハナちゃん

患者さんの相手は負担？

今回は、ハワイ在住のハナちゃん（♀）のお話です。ハナちゃんと話をしたのはずいぶん前のこと。ハナちゃんの飼い主さんはクリニックを開業していて、ハナちゃんもそこで過ごしているので患者さんと接することが多いそうです。飼い主さんには「そんな環境に置かれることが、ハナちゃんにとって負担になっているのではないか」という思い、そしてハナちゃんが時折見せる不思議な行動に対する不安などがあり、私のサロンを訪ねてくれました。

ハナちゃんの飼い主さんは、動物の気持ちをよく理解する方。ハナちゃんが患者さんの心や体にある疲れを察知して、さぞかし疲れているのではないだろうか、とかなり心配しています。

さっそくそのことを当のハナちゃんに尋ねてみました。するとハナちゃん、負担に感じるどころか「私はママのお手伝いをしているの！」と言うではありませんか。「お手伝い」についてよくよく聞いてみると、「自分はしっかりとママに寄り添って、ナースとしてプライドを持ちながら楽しんでお手伝いしている」らしいのです。それをお伝えすると、飼い主さんも納得された様子でした。

〝わんこナース〟のプロ意識

じつはハナちゃんのほうから進んで患者さんに寄り添って、まるでセラピードッグのように患者さんの心の癒やしをお手伝いしているようなことさえあるそうです。そして飼い主さんが仕事に疲れたときは、同じように寄り添って癒やすなど、まさにナースとして活躍していたのでした。

するとハナちゃん、「私も制服が欲しい」と言います。「ハナちゃんが制服が欲しいと言っていますが、お心当たりはありますか？」とお伝えすると、飼い主さんがクリニックの制服に着替える際、いつもハナちゃんに見つめられているような視線を感じているそうです。「私もああいうのが着たいなあ」と思っていたのでしょうか？ 飼い主さんがお仕事に臨むとき、制服に着替えて頭を切り替えるのと同じように、ハナちゃんもお仕事モードになってからお手伝いしたいのだということがわかりました。

これでじっと見られる理由がわかり、負担になるのではと思っていたことも解決。飼い主さんは安心してお仕事ができます、ということでした。そしてそれから数年……。先日またハナちゃんとお話しする機会がありました。

2回目は要望を出しまくり！

今度は、好きなのに最近もらっていないおやつの催促やフードに対するリクエスト、さらには使わないだろうと思って箱にしまっていたオモチャを出してほしいなど、細かい要望がずらり（笑）。お気に入りのオモチャに関しては、ただ遊ぶためではなく、どうやら枕代わりにあごを乗せたり寄りかかったりしたいということでした。

そしてヨーグルトのお話も。じつは独立した娘さんが夏休みで帰省していたとき、ふたについたヨーグルトを少しあげたそうで……。娘さんの顔をじいっと見つめて、「またちょうだい」と訴えていました。娘さん、こっそりヨーグルトをあげたのがばれちゃいましたね（笑）。

こだわりリッチーくん

ハーネスの素材が嫌！

今日は〝こだわり〟のあるリッチーくんのお話です。あまりにも彼のこだわりがおもしろいので、通訳しながら思わず「こだわりリッチーくん」というあだ名をつけてしまいました（笑）。

リッチーくんは7歳のチワワの男の子。家族で飼われていましたが、娘さんの結婚を機に、娘さんの新居で一緒に暮らすことになりました。最初は「（実家の）お母さんのことが好きなんだ」とか「お父さんはお散歩係でした」など以前のことを話していたのですが、話を進めていくと今の話題に。娘さんの旦那さんと川の映像を見せてきて「川の近くをぴょんぴょん跳ねて遊ぶんだ」と教えてくれました。実家にいたころは年配のお父さんとのお散歩だったので、少し遠慮して飛び跳ねたりしなかったそうですが、今は思い切り体を使って遊べるようです。

そんなに大好きなはずのお散歩なのに「お散歩と言うと逃げる」と飼い主さん。「なぜ？」という質問には、「だってリードが変わったんだもん」と教えてくれました。そこで飼い主さんに確認してみると、「前は首輪にリードだったんですが、最近ハーネスにしたんです」とのこと。リッチーくんは、どうやらそのハーネスの素材が気に入らないようで変えてほしかったようでした。

さらに飼い主さんによれば、「ウエアを着るのも嫌そうで……。ハーネスもウエアも、つけたり着せようとすると目をつぶるんですよね」と言います。どうやらリッチーくん、「仕方ない」とあきらめるときには目をつぶって見なくていいようにしている模様です。トリミングでも、爪を切られるのが嫌いなので目をつぶってしまったり、飼い主さんに怒られるときも目を閉じて聞こえないふりをしたり（笑）。

ウンチにもこだわりアリ

リッチーくんのこだわりはさらに続きます。ペットシートの上では絶対にウンチをしないそうです。それに対しては「お尻の当たり具合が……」と。どうやら実家にいたときは庭の草の上で用を足していたそうで、「草でお尻を刺激してウンチを出す」というこだわりがあったようです。飼い主さんは「そう言えば毛足の長いマットの上でウンチをするんですよね」と言います。毛足の長いマットの当たり具合が草に似ているからでしょう。

そしてお気に入りのベッドのことを教えてくれたのですが、飼い主さんはそのベッドをクローゼットの上に収納してしまったのだとか。「どうしてリッチーがそこをじっと見るのか不思議だった」という飼い主さん、非常に納得した様子でした。

「車でのお出かけは好きだけど乗り心地が嫌なんだ」とも言っていました。車用の新しいケージは大きすぎるのと滑りやすいのとで、リッチーくんの足元が不安定なのだそうです。「もう少し小さめのケージで下にタオルか毛布を敷いてほしい」というこだわりを飼い主さんにお伝えしました。

飼い主さんは、リッチーくんが都合の悪いときに聞こえないふりをしたり、そっと目を閉じたりすることには気づいていたのですが、想像以上のこだわりっぷりに驚きと笑いをこらえきれない様子でした。これからは、もっと楽しい時間が過ごせますね！

みんなで幸せ家族

お尻が気になる！

最近は、新しい家族として保護犬を迎える飼い主さんも増えつつあるようです。私のアニマルコミュニケーションのセッションにも、そんな里親さんがたくさん来てくださるようになり、心からうれしく思います。

さてこれは、そんな里親さん家族のお話です。保護犬を3頭引き取って一緒に暮らしているのですが、そのなかで繁殖犬だったというガムくんは柴の男の子（9歳）です。

飼い主さんからの最初のご質問は、「どうしてご飯のときだけ、威嚇とまではいかないけれど、歯をむき出して怒るのか？」というものでした。ガムくんに確認してみると、「だって食べてるとき、お尻が気になるんだもん。お尻をさわられる感じが不快なんだ」とのこと。

食べてるときにお尻が気になる？　一体どういうことだろう……。まったく見当がつかないままお伝えすると、飼い主さんは「あぁ～」と納得の表情。このお家の犬たちは、同じ場所で並んで食事をしているそう。保健所からレスキューしたリンコちゃんが、ご飯を食べ終わるなり外に出ようとして、ちょうどガムくんのお尻の近くを通るらしいのです。ガムくんとリンコちゃんはご飯を食べる場所が部屋の端と端。ガムくんが出入口側なので、リンコちゃんがいつもお尻の辺りを通過しているということでした。飼い主さんは笑いながら、「これからは気をつけるようにします」と約束してくれました。

そんなガムくんは、犬たちのなかで唯一の男の子だからか、パパとの散歩が大のお気に入り。自転車の映像を見せてくれました。お散歩のとき、パパはまるでスポーツ選手のように自転車に乗って颯爽と走るそうです。さすが男の子、思い切り走れるパパとの散歩が大好きなのですね。

そして今度は何やら細い白いものを見せてきて、「大好きなんだ！」と教えてくれます。それは、ゆで卵の白身の部分を細長く切ったもの。これは本当に大好きだそうです。

幸せ家族の一員に

リンコちゃんはまったく正反対で、スポーツ選手のような散歩より、とにかく注目を浴びたいという典型的な女の子タイプ。そしてさつきちゃんは10歳の女の子で、いちばんのおっとりさんですが食事にはなかなかうるさいとか。グレーがかったやわらかいごはんの映像を見せてくれたのですが、犬用リゾットのことだったようです。それと「ヨーグルトをもっと食べたい」と言っていました。年齢のせいか、心臓がちょっとバクバクするときがあるそうなので、飼い主さんには「様子を見てあげてください」とお願いしました。

さらに10歳で亡くなったリンちゃんとお話をすると、ツツジのお花を見せてきてくれました。生前、ツツジのある実家でよく遊んでいたそうで、思い出深い場所なのでしょう。なぜか白いおまんじゅうの皮まで見せてくれて、聞いてみるとそれは肉まんの皮のよう。きっと大好きだったんでしょうね。

みんな厳しい状況から保護されて来た子たち……。今はひとつの家族として仲良く幸せに暮らしている姿を見て、こちらも心が温かくなりました。

お手伝い大好き！

看板犬の仕事がお気に入り

ハワイで出会ったちぃちゃんは、1／2がダックスフンド、1／4がチワワ、残る1／4はジャック・ラッセル・テリアの血を引くという、4歳の女の子です。日ごろはおとなしくて手のかからない子だそうなので、「どんなことをお話ししてくれるのかな？」と思っていたら、意外にもおしゃべり（笑）。「いろいろと注文の多い子だとわかりました！」と、ママさんは少しびっくりした様子でした。

いちばん最初に私に見せてくれたイメージは、2本のスティック。1本はベージュっぽい色で、これはどうやら食べもののようです。もう1本は茶色で、これは食べるものではなさそう……枝でしょうか？

まず1本目のベージュのスティックは、以前よく食べていたおやつのようで、ママさんは「そう言えば最近はあげていない」とのこと。どうやら、また食べたいようです。そしてもう1本はやはり枝だったよう。最近、日曜日にスワップミート（ハワイの蚤の市）で犬用の手作りおやつやリード、ウエアなどを売るお店を始めたというパパさんとママさん。ちぃちゃんも一緒に店番をしていて、お店の後ろでいつも枝で遊んでいるそうです。

じつはママさん、ちぃちゃんをスワップミートに連れて行くことが気がかりだったのだとか。ワンコのグッズを売っているので看板犬として連れて行っているものの、「本犬は嫌なのではないか」、「負担になっていないか」と心配なのです。

本犬に確認してみると、まったくの心配無用！　ちぃちゃんは自分がパパとママのお店のお手伝いをしているんだという自覚を持ち、「その時間がいちばん好き」だと教えてくれました。言われてみれば最近は積極的に接客をしているそうで、チームの一員としてがんばりたい様子が見てとれるとのこと。それでママさんもひと安心、これからはお手伝いにどんどん参加してもらいましょう！

あんまり心配しないでね！

ちぃちゃんのおしゃべりはさらに続き、「チキンスープのごはんがいいなぁ〜」と。ママの手作りチキンスープが好きなようですが、最近はあげていなかったからでしょうか。歯みがきのブラシを変えたことにも不満を言い出しました（笑）。

どうやらママさんの歯みがきのやり方がちょっと雑（？）らしく、ときどき口の奥に強く刺さることがあるとか……。「昔はブラシじゃなかった！」と言うので確認してみると、指サックタイプの歯みがきグッズを見せてきます。それをお伝えすると、ママさんは「確かに昔はブラシじゃなくて指サックでした」と。ちぃちゃんは「歯みがきをがんばるから、ごはんはチキンスープにしてください」と言っていましたが、そこは体調管理のこともありますからママとちぃちゃんで折り合っていただければと思います（笑）。

　でもちぃちゃんがいちばん気にしていたのは、ママさんが心配性だということ。「あんまり心配されると、逆に気になってママを後追いしてしまう」そうなのです。

　ママさんには、これからはちぃちゃんを信じて楽しい時間をたくさん過ごしてくださいね、とお伝えしたのでした。

vol.35

守ったり甘えたり

お散歩はゆっくりと

ハワイ在住のゴールデン・レトリーバー、ハナちゃんのお話です。ハナちゃんは2歳の女の子。そもそもの出会いはアニマルコミュニケーションではなく、私の著書に使う写真撮影で、モデルとしてご協力していただいたことでした。

じつはこの撮影、3頭（3家族）にご協力いただく予定だったのですが、都合により1家族不参加となってしまいました。2家族での撮影も順調に進んでひと段落したとき、ふっとハナちゃんが「最近ベッドが変わったの」と伝えてきたのです。

もし予定通り3家族がいらしていたらちょっとお伝えしにくいことだったのですが、2家族だったので合間にそのことを飼い主さんにお話しさせていただきました。すると、先日引っ越しをされたそうで、ハナちゃんのベッドが小さいものに変わってしまったのだとか。よくよく聞いてみると、引っ越しする前は犬用のベッドではなく、人間用の大きなベッドで飼い主さんと一緒に寝ていたということがわかりました。今の犬用ベッドは、ハナちゃんにとってはちょっと小さいと感じられたのかもしれません。

そしてお散歩のことについても言いたいことがあるらしく、「そんなに無理しなくていいよ」と伝えてほしい、と訴えてくるのです。ハナちゃんのママは、忙しい朝でも出勤前に「お散歩行かなくちゃ！」と思い、時間を気にしながらも必ず連れて行くということでした。けれどハナちゃんいわく、「時間に余裕があるときの散歩ならうれしいけど、時間がないなかで焦りながら行く散歩はあまり好きじゃないの」と……。ならば無理せず、時間のあるときで十分だということでした。

いつでもママに寄り添う

そして後日飼い主さんは、改めてハワイのサロンにアニマルコミュニケーションの予約を入れてくださいました。ハナちゃんは甘えん坊ではあるけれど、飼い主さんが思うよりもしっかりしています。何よりママのそばに寄り添って、ママを守っていきたいという気持ちがひしひしと伝わってくるのです。

朝のお散歩についても、ハナちゃんが歩きたい散歩コースを詳しい映像つきで教えてくれました（笑）。見せてくれた風景を飼い主さんに伝えると、「そこは時間があるときに遊びに行くところですね」とのこと。限られた朝の時間では、とても連れて行けない場所なのだそうです。

そして飼い主さんが「負担になっていないか」と心配していたお留守番ですが、思っていたよりものんびりと昼寝を楽しんでいるということでした。その代わり、ママが帰ってきたときは思い切り甘えたいと言っていました。

ハナちゃんは前回、「三角のおやつが好き！」と私を通じて飼い主さんに伝えていましたが、飼い主さんにはそれがまったくわからなかったそう。「三角のものなんてないなぁ」と思っていたら、ある日はたと気づいたとか！「三角形のチーズ」を小さくちぎってあげていたのです……。

これからもハナちゃんはママのそばにそっと寄り添いながら、あるときは勇敢に、そしてあるときは甘えん坊になって仲良く暮らしていくのではないでしょうか。幸せですね！

保護犬のモアナくん

私は、人間も動物たちも「幸せになるために生まれてきた」と思っています。しかし、不幸な動物たちがまだまだ存在していることも事実。この問題に目を向ける人たちが少しずつ増えつつあり、意識にも変化が起きていると感じています。そこで、以前出会った保護犬のモアナくんのお話をしたいと思います。

救い出された繁殖犬

モアナくんは、私のブログでモデル犬を務めてくれているマルチーズの女の子、アネラちゃんのお父さん犬です。アネラちゃん自身、ペットショップで売れ残ってしまった犬でした。

飼い主さんは、たまたまのぞいたペットショップでアネラちゃんと出会い、「もし誰も買わなかったら……」とどうしても気になって家族として迎えたそうです。

それから数年後、奇跡的にアネラちゃんの飼い主さんはお父さん犬と巡り会うことができました。お父さん犬は10歳になるまで現役の繁殖犬（種オス）でした。10年間、狭いケージの中に3～4頭で入れられて生活していたそうです。お母さん犬もまた、楽しいことを何も知らないままそこでの生活を余儀なくされ、犬生を終わってしまいました。

そのブリーダー（と言うべきかわかりませんが）のところには300頭以上の犬がいて、ろくにお手入れもされていませんでした。モアナくんの目は見えず耳も聞こえず、歯もなくあごは溶けて、さらに耳の中は真っ黒で背骨も曲がっていたと言います。疾患のある犬の子どもはその遺伝子を受け継ぎ、疾患を持って生まれる率が高いそうですが、ここからたくさんの子犬たちがペットショップへと売られていきました。

アネラちゃんの飼い主さんは考え抜いた結果、覚悟を決めてお父さん犬の里親になりました。そしてお父さん犬はモアナ（ハワイ語で「太平洋」という意味）という名前をつけてもらいました。引き取った当初、獣医さんからは余命1年と言われたそうですが、今では見違えるようになって笑顔も見せるようになったということです。

奇跡の「おやすみ」

今までずっとケージの中にいて、外に出たこともなかったため歩けなかったモアナくんでしたが、少しずつお散歩もできるようになりました。今までできなかったこと、知らなかったことを毎日経験しています。

抑圧された環境下だったからか一切吠えなかったそうですが、最近になって娘のアネラちゃんのマネをして「ワン」（と言っても歯がないので「おっ」という感じですが）と吠えるんだとか……。できることがひとつひとつ増えていきました。

飼い主さんが毎晩「おやすみ」と声をかけていたら、モアナくんも「おやすみ」とモゴモゴお話しするようになったそうです。たぶん歯もなくあごも溶けているので、そういう音に聞こえるのかもしれませんが、私も実際にモアナくんの声を聞いて本当にびっくりしました。本当に「おやすみ」に聞こえるのです！

でも耳が聞こえないはずのモアナくん、なぜ「おやすみ」を覚えたのでしょうか？　きっと音ではなく、波動（エネルギー）で飼い主さんの「おやすみ」という言葉を感じたのだと思います。ゆっくりと少しずつ、新しいことに挑戦しているモアナくんの姿にはたくさんの勇気と学びをもらっています。

こうやって保護犬を迎えることが、特別ではなく普通のことになりますように！　そしてこれ以上不幸な動物たちが増えないように、私たち人間には何ができるのか……。モアナくんを通じて「幸せな犬たちの後ろには、昔のモアナくんのような不幸な犬たちがいる」という厳しい現実を知ることも大切なのではないでしょうか。

column

人と動物の感覚の違い

column

これまでのお話でもたびたび出てきましたが、アニマルコミュニケーションをしていると、「人の思うこと」と「動物の思うこと」にはちょっと違いがあるのではないかな?と思うときがあります。

飼い主さんが犬のためと思ってやっていることが、じつは犬たちにとっては満足ではないことがあるようなのです。そんな風にお互いの認識にずれがあるとき、人間は言葉を使って意思表示ができますが、犬は言葉で自分の気持ちを伝えることができません。その結果、問題行動を起こしたり、ストレスにより精神的な病気につながることもあるのではないかと感じています。

大切なのは、動物本来の本能や気持ちを忘れずに、理解してあげながら愛情を注いでいただくことではないでしょうか。これからご紹介するのは、もちろん実話。何か感じていただけたら幸いです。

あるときハワイのサロンに、日本からのお客さまがいらっしゃいました。写真

を使ったアニマルコミュニケーションでのお話です。

まずは飼い主さんから愛犬への質問、「何かしたいことはある?」。するとワンコは「もっとお散歩がしたいの」と言いました。そのことをお伝えすると、飼い主さんはちょっと不思議そうな顔をしながら「毎日2回も散歩をしているのに、まだ足りないんでしょうか?」と答えます。何となく飼い主さんの思いとワンちゃんの思いが噛み合っていないような感じ……。どうしたのだろう?

そんなことを思っていると、ワンちゃんは「だってね、いつもパパにダメ、ダメって言われちゃうの」とつけ足してくるではありませんか。そこで私は「『お散歩中、いつもパパにダメ、ダメって言われちゃう』と伝えてきたんですが、パパさんはダメっておっしゃるんですか?」と尋ねてみました。すると「いいえ、この子（愛犬）がかわいくて仕方ないので、今まで一度も叱ったことはありません」とのこと。飼い主さまとワンコの話がどうしても合いません。

なぜなんだろう?と思っていたら、ワンコが私に散歩道の風景と「ダメ、ダメ」と声のする映像を見せてくれました。初めは何のことかわかりませんでしたが、飼い主さんによく聞いてみると、毎日の散歩でワンコが見せてくれた風景の

column

道を通っていること、パパが「抱っこして」散歩をしているということがわかりました。ときどきワンコが抱っこから降りたがってむずむず動くと、パパさんは「ダメ、ダメ」と制しているというのです。

飼い主さんは体の弱い愛犬を思うあまり、毎日抱っこしながら外を歩いていたのです。散歩というのはそのことを指すようで、つまりこのワンコは一度も自分の足で外を歩いたことがないということになります。

飼い主さんが愛犬を思うお気持ちは痛いほどわかります。けれど、動物には本能はもとより「こうしたい」という意思もあります。つまりワンコは、「自分の足で」お散歩をしたかったのです。

そのことをお伝えすると、飼い主さんは「これからは無理のないように体調を見ながら少し歩かせてみることにします」と言ってくれました。今ごろ、自分の足で楽しくお散歩してるかな?

人間と同じように、体の弱い犬やアレルギーのある犬もたくさんいます。どんな扱いがいちばんいいか、どれが間違っているのかと判断するのはとても難しいことだと思います。

私は愛犬の気持ちをお伝えすることしかできませんので、あとは信頼できる獣医さんや専門家のアドバイスを聞きながら、飼い主さんが愛犬にとって良いと思う方法を選ばれることが、愛犬の幸せにもつながるのではないでしょうか。

犬のプロたちが見た

アネラのアニマルコミュニケーション

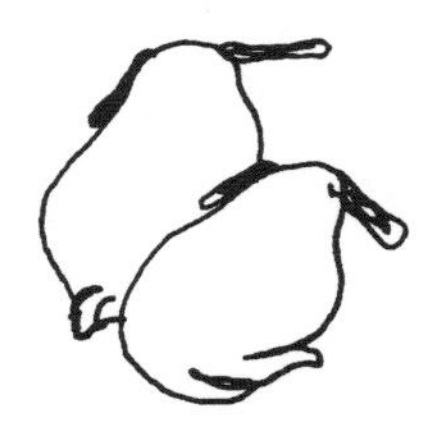

獣医師、トリマー、ドッグトレーナーなど
犬にかかわる仕事をする人たちのあいだでも、
アネラの〝通訳〟は好意的に受け止められています。

ドッグトレーナー

Dog Trainer

アニマルコミュニケーションとしつけ（トレーニング）との
かかわりとはどんなものなのでしょう。

武みなみ

日本ドッグトレーナー協会ライセンス取得、J-HABS インストラクター、ホリスティックケア・カウンセラー。20 年以上幼児教育に携わった後、ドッグトレーニングの道へ。

千葉さおり

日本ドッグトレーナー協会ライセンス取得、社会動物環境整備協会ドッグライフカウンセラー。家庭犬・警察犬訓練所や犬のようちえん、トレーナー養成スクールインストラクターなどで数多くの犬のトレーニングを担当。

DogWave 湘南教室

神奈川県藤沢市鵠沼海岸1-6-13
☎ 0466-52-6571
http://www.dog-wave.com/

※ GREEN DOG 東京ミッドタウン店、北千束動物病院（大田区）などにも出張教室あり。

犬の本音にハッとする

以前、パピートレーニングのために通ってきていた飼い主さんがいたんですが、すごく旅行好きな方で。自分が旅行に出かけているあいだは、その子犬をペットホテルや友人宅に預けていて、さらに別荘もあったのでそこに連れて行くことも多かったようです。私たちは「子犬をあちこち移動させすぎなのでは……」と思ってはいたんですが、そんなときにアネラさんのアニマルコミュニケーションを受けることになりました。

アネラさんの口から出たのは、「僕の本当のおうちはどこ?」という犬の言葉。それを聞いた飼い主さんは、ハッとしていました。その子はあちこち預けられて、自分の家がいったいどこなのかわからなくなっていたんでしょう。

あまり自宅以外に預けたりしすぎるのはかわいそうなんだ……と飼い主さんも悟ったようで、それからはなるべく一緒にいられるようにして、同じ場所で過ごせるようにしてあげているようです。

「留守番や外出するときは、理由や目的を教えてほしいよ。言ってくれれば協力するのに……」と訴えていた子もいましたね。飼い主さんによると、お留守番のときにいたずらしたり、トイレ以外のところにオシッコしたりしてたそうですよ。「トイレは絶対覚えてるし、いつもは失敗なんてしないのに。腹いせかしら？」と。

そこでアネラさんに聞いてもらうと、さっきのような答えが返ってきたんです。飼い主さんはさっそく、お留守番のときは「私はこれから●●で出かけるけど、夕方には帰るよ」というように愛犬に声かけするようにしたそうです。すると納得したのか、オシッコしなくなったとか……。飼い主さんは、「犬と会話が成り立つなんて！」とびっくり。犬のほうからすると、自分の存在をアピールしたいし、何より何も言わずに出て行かれるのが嫌だったんでしょう。

またほかの多頭飼いのケースでは、アネラさんが「先住犬の子、『僕がやってもいないことでママが怒るんだ』と言ってるようですよ」と通訳してくれました。飼い主さんに確認すると、いたずらを見つけたときに「きっとあの子でしょ」みたいな推測で先住犬を叱ってしまっていたようです。それがクセになっていたのではないでしょうか。先住犬はさらに、「ついでみたいに怒られるのは納得がいかないよ」とも言っていました。

飼い主さんは反省して、帰ってから犬たちの行動をよくよく観察してみたそうです。するといたずらをしていたのは先住犬ではなく、ほとんど後輩犬だったとか……。これでは先住犬は怒りますよね。飼い主さんが犬たちを1頭ずつ見てくれるようになったことで、理由がわからなかった先住犬の〝吠え〟がなくなったそうですよ。

意識が犬へと向く

アネラさんのアニマルコミュニケーションを受けた飼い主さんは、「愛犬のことをよく見るようになる」ような気がします。ドッグトレーナーの観点からすると、アニマルコミュニケーションをしたからと言って、悩んでいた問題行動がすぐに改善するわけではありません。でも、それをきっかけに飼い主さんの意識が犬にしっかり向くようになって、たとえば「むやみに叱らなくなる」とか「いい行動をしているときにすかさずほめるようになる」んですよね。そうすると、しつけやトレーニングもトータルでいい方向に行くのはよくあることです。私たちとしても、すごく助かります。

私（武）も、自分の愛犬の言葉をアネラさんに通訳してもらった経験があります。DogWaveでのアネラさんのイベントに、自分の犬（ゴールデン・レトリーバー）を連れて行ったことがあったんです。そのとき愛犬がアネラさんにホットドッグの画像を見せたそうで……。アネラさんに「この子、ホットドッグが食べたいんじゃないかしら?」と言われたんですよね。じつはその前の日に私がホットドッグを食べていて、愛犬がそれをじっと見ていたという……。もちろんアネラさんはそんなこと知るはずもありませんから、「この人すごいな〜!」って思いました(笑)。

北千束動物病院でのしつけ教室のひとコマ。みんなしっかり武さんと千葉さんのほうを向いて話を聞いてます!

2012年、日本最大のトリミング競技会で最高賞を受賞した中村さん。

トリマー

Trimmer

数多くの犬と接する腕利きトリマーから見たアニマルコミュニケーションとは？

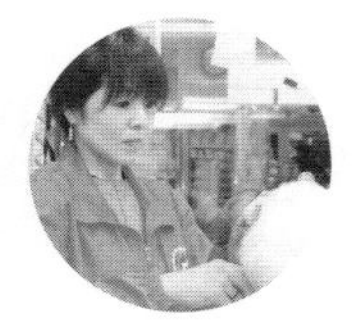

中村由美子

トリミング・サロン「Jumi's World」オーナートリマー、JKCトリマー教士。国内外のトリミング・コンテストで数々の賞歴を誇り、高い技術力とセンスで知られるカリスマトリマー。

トリマーとしては、コンテストやドッグショーへの参加が犬への負担になっていないか心配だったそう。

Jumi's World
宮城県仙台市若林区上飯田 2-1-1
☎ 022-282-7562
http://www.jumisworld.com/

モデル犬は負担になる?

アネラさんと初めて会ったのは、私が2010年にアメリカのトリミング・コンテスト（トリミングの技術や仕上がりを競う競技会）に出場したときのこと。会場にアネラさんが来ていて、モデル犬たちの通訳をしてもらえることになったんです。

そのときは、日本から愛犬のトイ・プードルをモデルとして連れて行っていました。長時間飛行機に乗せたし、骨格構成のいい子なので海外でも日本でもトリミングの競技会やコンテストのモデル犬にすることが多く、負担をかけていないかなと心配していたんです。それをアネラさんに伝えて通訳してもらうと、その子の答えは「全然負担じゃないよ。人前に出て注目されるのは大好きだし、こうやっていろんなところに出るのが僕の使命だと思ってるから」。そんな風に思ってくれていたなんて……とじーんとしてしまって（笑）。アネラさんにも「大丈夫みたいですよ」と声をかけていただいて、安心しました。

また別の犬で、同じくアメリカにコンテストのために連れて行ったことがあったんですが、どうにも元気がなくて……。そのときもやはり不安になってアネラさんに見ていただいたところ、何と粉ミルクが食べたかったとか！　さっそく現地で調達してあげたところ、喜んで食べて元気になってくれたんですよ。

トリミングという作業は、シャンプーにしろカットにしろ、必ずしも犬が好きな作業ばかりではありません。もちろん極力負担のないようにと心がけていますが、トリマーからすると「ストレスを感じているんじゃないかな」と思ってしまうもの。そんなときに犬たちの気持ちがわかると、「これでいいんだ」とか「これは嫌そうだからもうちょっとこうしてあげよう」と考えることができて、本当に助かります。

それ以来アネラさんとのご縁ができて、ありがたいことに私のトリミングサロンで年に1回程度セッションを開催してくださるようになりました。実際にアネラさんから愛犬の声を聞いた人はみんな喜んでいますし、愛犬の気持ちにさらに寄り添ってくれるようになっているような気がします。

実際のセッションでは、アネラさんが飼い主さんの家の中のこととか家族関係のことを結構言い当ててしまうので、「中村さん！　アネラさんにうちのこと教えたんじゃないの？」疑われることもしばしば(笑)。でも逆に考えると、犬たちがそれだけ自宅内や家族のことをよーく観察しているってことですよね。トリマーになって20年以上経ちますが、アネラさんのおかげで犬たちの奥深さに改めて気づかされている気がします。

獣医師

Veterinarian

獣医さんのなかにも、
アニマルコミュニケーションに接したことのある人が！
実際に起こった症例をご紹介します。

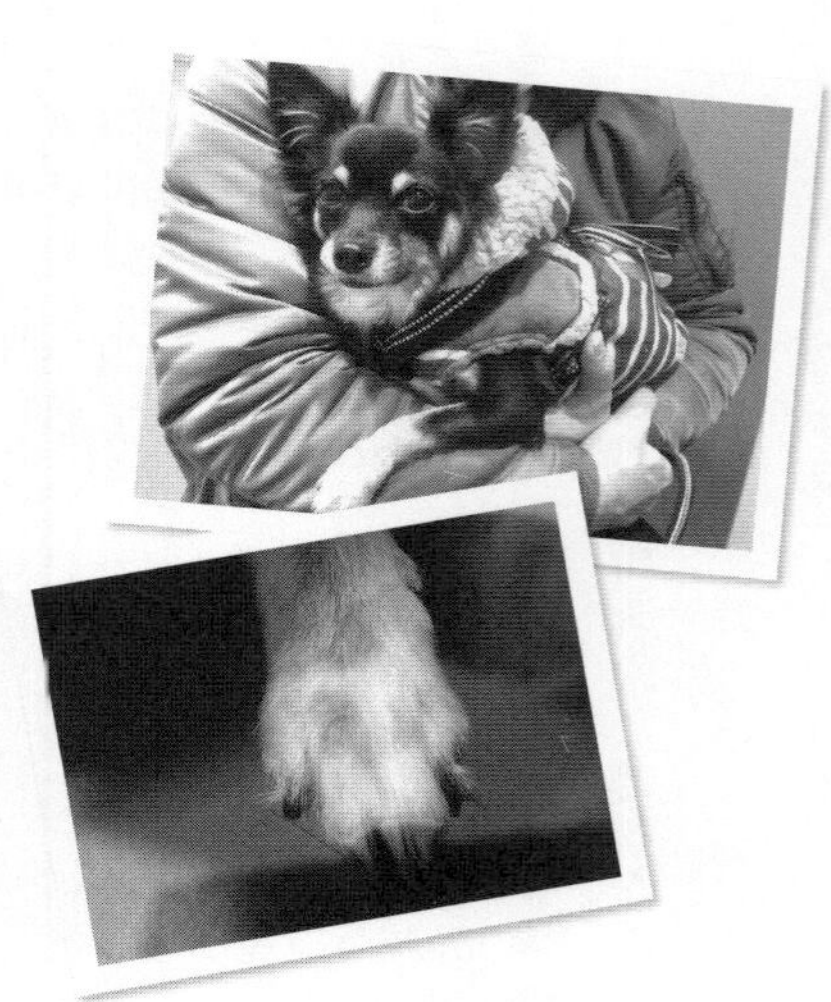

前足をなめて脱毛していたMix犬のルーク。皮膚病を疑い、川野先生の病院を訪れます。

川野浩志

プリモ動物病院練馬院長、動物アレルギー医センター センター長、日本獣医皮膚科学会認定医。皮膚科認定医として、日々アレルギーやアトピーに悩む犬猫たちの診療に当たる。

プリモ動物病院練馬
動物アレルギー医療センター

東京都練馬区石神井町 1-28-7
☎ 03-6913-3361
http://nerima.jprpet.com/

当院に併設されているトリミング・サロンでのイベントで、アネラさんに初めてお会いしました。個人的に科学的根拠のないものには疑ってかかるほうなのですが、あるときちょっと興味深い症例がありました。

ミックス犬（3歳／♂）を連れて、ある飼い主さんが来院されました。前足をことあるごとに噛んだりなめたりするので、脱毛してしまっていたのです。まずはアトピーなど皮膚の病気を疑い、さまざまな検査を行いました。考えられる治療もしたものの、なかなか改善が見られません。獣医学的に言うと、「皮膚科学的な検査と診断的治療を行ったが、功を奏さなかった」ということです。そこで心因性の可能性を考え、飼い主さんには獣医行動診療科の認定医（P179参照）をご紹介しました。

そこでは、「ちょっと飼い主さんのかまいすぎかも。ワンちゃんにとって、それがストレスになっているかもしれませんよ」とアドバイスされたそうです。そのとき、私が飼い主さんに「アネラさんにも見てもらったら？」とすすめたところ、さっそくセッションを受けることに。アネラさんからは「オモチャを取られたから怒っているみたいですよ」とか「気になっている人がいるそう」などと言われたそうですが、「かまわれすぎるのが嫌、ちょっと放っておいてほしい」という話もあったとか……。

すべての話を総合すると、行動診療科の先生とアネラさんの言っていることがまったく同じというわけではありません。が、「飼い主さんのかまいすぎ」という部分はおおむね一致したと言えると思います。事実、その後飼い主さんがなるべく愛犬を放っておくよう気をつけたところ、徐々に足をなめる行動が減り、それとともに脱毛も改善していったということです。

この症例は、私（皮膚科認定医）と行動診療科認定医と飼い主さんが連携して軽快させることができました。それをアネラさんがサポートしてくれた、という位置づけではないでしょうか。これはまだレアケースですが、こういった事例が積み重なっていけば、飼い主さんの心のケアにつながる可能性があります。

獣医師の説明にプラスしてアネラさんがサジェスチョンしてくれれば、飼い主さんにこちらの言いたいことがもっと伝わりやすくなるかもしれませんね。

川野先生は皮膚科のスペシャリスト。数多くの皮膚病の症例を診ています。

藤井仁美

獣医師、獣医行動診療科認定医。代官山動物病院および自由が丘動物医療センター行動診療科にて問題行動の診療・カウンセリングを行う。

川野先生のご紹介で、ルークくんの行動診療をしました。なめたりしているときの様子や飼い主さんの対応、その対応へのルークくんの反応などを詳しく聞き取るとともに、ふだんの生活や環境についても伺いました。

ルークくんは日中お留守番が長いので、そのぶん飼い主さんが家にいる時間はたくさんかまっていたようでした。しかしかまってもらえないときに足をなめ始め、心配で声をかけたり抱っこしたりしてかまうと収まる、という繰り返しだったようです。このことから「なめたりするとかまってもらえる」とルークくんが学習した結果、その行動がひどくなったのではないかと診断。なめているときは無視すること、むやみにかまいすぎずメリハリをつけて接し、集中して楽しく遊びやトレーニングで発散した後は、ハウスに入れて休ませることなどを指導しました。

すると３週間後には、なめる行動が激減。「ハウスに入れたらなめるのがひどくなるのでは？」という心配もありましたが、入れる前に十分発散するので中では疲れて休んでいるとのことでした。このように、心因性の皮膚の問題は、接し方などの改善で治ることも多いのです。

あとがき

私が愛犬雑誌『Ｗａｎ』で連載を始めたのは、今から約6年前のこと。

日々アニマルコミュニケーションをしていると、ワンちゃんたちから目からウロコ、というか目が飛び出てしまいそうなくらいびっくりするお話を聞くことがしょっちゅうです。こんなにも楽しいお話をひとり占めするのはもったいない！ということで、実話を書きとめたものを毎号掲載しているのです。もちろん、飼い主さんには許可をいただいています。

そんなお話を1冊にまとめたのが、この本です。犬たちにこんなにも豊かな感情があることをみなさまに知っていただき、彼らとの暮らしをさらに楽しんでもらえたら……と願っております。

あっという間の6年でしたが、改めてこの間の連載を読み直すとやはり感慨深いものがあります。なかには、虹の橋を渡った子もいるのではないでしょうか。亡くなった子の飼い主さんには「こんなこともあんなこともあったなあ」と、懐かしく前向きなお気持ちで思い出していただきたいと思います。

ありがたいことに、私のアニマルコミュニケーションを受けられて、リピーターになってくださる方が多くいらっしゃいます。ここでご紹介したお話の〝その後〟の続きもたくさんあるのですが、すべてを掲載できないことをお許しください。

ひと口にアニマルコミュニケーションと言っても、人によってさまざまな価値観や手法があります。私の場合は、犬たちの言葉をひたすら直訳していくスタイルですので、愛犬の気持ちが飼い主さんにストレートに伝わるのではないでしょうか。

セッションで、飼い主さんが問題行動の理由を理解して解決の糸口を見つけたり、病気の発見につなげてくれる……こんなことが私にとっての喜びです。今後はさらに、シニア犬や病気を抱えた子たちの介護や治療など「してほしいこと」などをお伝えすることで、少しでも飼い主さんとワンちゃんたちのお役に立ちたいと考えています。

本文中でも何度も言っているとおり、私は犬の言葉を通訳することしかできま

せん。その後の具体的な問題解決については、専門家のアドバイスを受けること
をおすすめします。

今回は、いつもお世話になっている専門家のみなさん（ドッグトレーナーの武
みなみさん・千葉さおりさん、トリマーの中村由美子さん、獣医師の川野浩志先
生）からも、アニマルコミュニケーションについてコメントをいただきました。
それによってまさに「永久保存版」のような本になったこと、厚く御礼申し上げ
ます。また『Ｗａｎ』で私の連載を担当し、今回も編集者として携わってくださっ
た緑書房の川田央恵さんにも心から感謝いたします。

この本は、お話に登場してくださったワンちゃんや飼い主さんをはじめ、協力
してくださったすべての方々のお力で生まれた大切な1冊です。みなさま、本当
にありがとうございました。

私のお仕事の拠点はハワイ・ホノルルですが、年に5〜6回は日本各地でアニ
マルコミュニケーションの機会を設けています。ハワイや日本のどこかでみなさ
まとお会いできる日を、心から楽しみにしております。

[著者紹介]

アネラ（Anela）

ハワイアン・ヒュメイン・ソサエティー公認アニマルコミュニケーター。ハワイの動物保護施設でボランティアを行ううち、彼らの「言葉」を理解する能力があることに周囲が気付く。その後、ハワイと日本の両方でアニマルコミュニケーターとして活躍。近年は犬用グッズのプロデュースなども手がける。著書に『犬の気持ち、通訳します。』『猫の言い分お伝えします。』『犬から訊いた「お留守番のストレスがやわらぐ」CDブック』（いずれも東邦出版）など。ハワイ・ホノルル在住。
http://www.anelausa.com

犬の声が聞こえる

犬と人の心をつなぐメッセンジャー

2018年5月1日　第1刷発行

著者　アネラ
発行者　森田 猛
発行所　株式会社 緑書房
〒103-0004
東京都中央区東日本橋3丁目4番14号
TEL 03-6833-0560
http://www.pet-honpo.com

印刷・製本　図書印刷株式会社

落丁・乱丁本は弊社送料負担にてお取り替えいたします。

ISBN 978-4-89531-331-5
Printed in Japan

編集　川田央恵
カバー・本文デザイン　岡田恵理子
カバー写真　蜂巣文香
イラスト　中島慶子